新一代人工智能 2030 全景科普丛书

智能
环保

刘连超　苑会静　编著 ◎·····

U0302108

科学技术文献出版社
SCIENTIFIC AND TECHNICAL DOCUMENTATION PRESS
·北京·

图书在版编目（CIP）数据

智能环保 / 刘连超，苑会静编著. —北京：科学技术文献出版社，2021.5
（新一代人工智能2030全景科普丛书 / 赵志耘总主编）
ISBN 978-7-5189-7878-6

Ⅰ.①智⋯ Ⅱ.①刘⋯ ②苑⋯ Ⅲ.①智能技术—应用—环境保护 Ⅳ.① X-39

中国版本图书馆 CIP 数据核字（2021）第 084561 号

智能环保

策划编辑：崔　静　　责任编辑：王　培　　责任校对：张吲哚　　责任出版：张志平

出　版　者	科学技术文献出版社	
地　　　址	北京市复兴路15号　邮编　100038	
编　务　部	（010）58882938，58882087（传真）	
发　行　部	（010）58882868，58882870（传真）	
邮　购　部	（010）58882873	
官 方 网 址	www.stdp.com.cn	
发　行　者	科学技术文献出版社发行　全国各地新华书店经销	
印　刷　者	北京时尚印佳彩色印刷有限公司	
版　　　次	2021 年 5 月第 1 版　2021 年 5 月第 1 次印刷	
开　　　本	710×1000　1/16	
字　　　数	211千	
印　　　张	15.75	
书　　　号	ISBN 978-7-5189-7878-6	
定　　　价	68.00元	

总　序

　　人工智能是指利用计算机模拟、延伸和扩展人的智能的理论、方法、技术及应用系统。人工智能虽然是计算机科学的一个分支，但它的研究跨越计算机学、脑科学、神经生理学、认知科学、行为科学和数学，以及信息论、控制论和系统论等许多学科领域，具有高度交叉性。此外，人工智能又是一种基础性的技术，具有广泛渗透性。当前，以计算机视觉、机器学习、知识图谱、自然语言处理等为代表的人工智能技术已逐步应用到制造、金融、医疗、交通、安全、智慧城市等领域。未来随着技术不断迭代更新，人工智能应用场景将更为广泛，渗透到经济社会发展的方方面面。

　　人工智能的发展并非一帆风顺。自 1956 年在达特茅斯夏季人工智能研究会议上人工智能概念被首次提出以来，人工智能经历了 20 世纪 50—60 年代和 80 年代两次浪潮期，也经历过 70 年代和 90 年代两次沉寂期。近年来，随着数据爆发式的增长、计算能力的大幅提升及深度学习算法的发展和成熟，当前已经迎来了人工智能概念出现以来的第三个浪潮期。

　　人工智能是新一轮科技革命和产业变革的核心驱动力，将进一步释放历次科技革命和产业变革积蓄的巨大能量，并创造新的强大引擎，重构生产、分配、交换、消费等经济活动各环节，形成从宏观到微观各领域的智能化新需求，催生新技术、新产品、新产业、新业态、新模式。2018 年麦肯锡发布的研究报告显示，到 2030 年，人工智能新增经济规模将达 13 万亿美元，其对全球经济增长的贡献叮与其他变革性技术如蒸汽机相媲美。近年来，世界主要发达国家已经把发展人工智能作为提升其国家竞争力、维护国家安全的重要战略，并进行针对性布局，力图在新一轮国际科技竞争中掌握主导权。

德国 2012 年发布十项未来高科技战略计划，以"智能工厂"为重心的工业 4.0 是其中的重要计划之一，包括人工智能、工业机器人、物联网、云计算、大数据、3D 打印等在内的技术得到大力支持。英国 2013 年将"机器人技术及自治化系统"列入了"八项伟大的科技"计划，宣布要力争成为第四次工业革命的全球领导者。美国 2016 年 10 月发布《为人工智能的未来做好准备》《国家人工智能研究与发展战略规划》两份报告，将人工智能上升到国家战略高度，为国家资助的人工智能研究和发展划定策略，确定了美国在人工智能领域的七项长期战略。日本 2017 年制定了人工智能产业化路线图，计划分 3 个阶段推进利用人工智能技术，大幅提高制造业、物流、医疗和护理行业效率。法国 2018 年 3 月公布人工智能发展战略，拟从人才培养、数据开放、资金扶持及伦理建设等方面入手，将法国打造成在人工智能研发方面的世界一流强国。欧盟委员会 2018 年 4 月发布《欧盟人工智能》报告，制订了欧盟人工智能行动计划，提出增强技术与产业能力，为迎接社会经济变革做好准备，确立合适的伦理和法律框架三大目标。

党的十八大以来，习近平总书记把创新摆在国家发展全局的核心位置，高度重视人工智能发展，多次谈及人工智能重要性，为人工智能如何赋能新时代指明方向。2016 年 8 月，国务院印发《"十三五"国家科技创新规划》，明确人工智能作为发展新一代信息技术的主要方向。2017 年 7 月，国务院发布《新一代人工智能发展规划》，从基础研究、技术研发、应用推广、产业发展、基础设施体系建设等方面提出了六大重点任务，目标是到 2030 年使中国成为世界主要人工智能创新中心。截至 2018 年年底，全国超过 20 个省市发布了 30 余项人工智能的专项指导意见和扶持政策。

当前，我国人工智能正迎来史上最好的发展时期，技术创新日益活跃、产业规模逐步壮大、应用领域不断拓展。在技术研发方面，深度学习算法日益精进，智能芯片、语音识别、计算机视觉等部分领域走在世界前列。2017—2018 年，中国在人工智能领域的专利总数连续两年超过了美国和日本。在产业发展方面，截至 2018 年上半年，国内人工智能企业总数达 1040 家，位居世界第二，在智能芯片、计算机视觉、自动驾驶等领域，涌现了寒武纪、旷视等一批独角兽企业。在应用领域方面，伴随着算法、算力的不断演进和提升，越来越多的产品和应用落地，比较典型的产品有语音交互类产品（如智能音箱、智能语音助理、智能车载系统等）、智能机器人、无人机、无人驾驶汽车等。人工智能的应用范围则更加广泛，目前已经在制造、医疗、金融、教育、安防、商业、智能家居等多个垂直领域得到应用。总体来说，目前我国在开发各种人工智能应用方面发展非常迅速，但在基础研究、原创成果、顶尖人才、技术生态、基础平台、标准规范等方面，距离世界领先水平还存在明显差距。

1956 年，在美国达特茅斯会议上首次提出人工智能的概念时，互联网还没有诞生；今天，新一轮科技革命和产业变革方兴未艾，大数据、物联网、深度学习等词汇已为公众所熟知。未来，人工智能将对世界带来颠覆性的变化，它不再是科幻小说里令人惊叹的场景，也不再是新闻媒体上"耸人听闻"的头条，而是实实在在地来到我们身边：它为我们处理高危险、高重复性和高精度的工作，为我们做饭、驾驶、看病，陪我们聊天，甚至帮助我们突破空间、表象、时间的局限，见所未见，赋予我们新的能力……

这一切，既让我们兴奋和充满期待，同时又有些担忧、不安乃至惶恐。就业替代、安全威胁、数据隐私、算法歧视……人工智能的发展和大规模应用也会带来一系列已知和未知的挑战。但不管怎样，人工智能的开始按钮已经按下，而且将永不停止。管理学大师彼得·德鲁克说："预测未来最好的方式就是创造未来。"别人等风来，我们造风起。只要我们不忘初心，为了人工智能终将创造的所有美好全力奔跑，相信在不远的未来，人工智能将不再是以太网中跃动的字节和 CPU 中孱弱的灵魂，它就在我们身边，就在我们眼前。"遇见你，便是遇见了美好。"

新一代人工智能 2030 全景科普丛书力图向我们展现 30 年后智能时代人类生产生活的广阔画卷，它描绘了来自未来的智能农业、制造、能源、汽车、物流、交通、家居、教育、商务、金融、健康、安防、政务、法庭、环保等令人叹为观止的经济、社会场景，以及无所不在的智能机器人和伸手可及的智能基础设施。同时，我们还能通过这套丛书了解人工智能发展所带来的法律法规、伦理规范的挑战及应对举措。

本丛书能及时和广大读者、同人见面，应该说是集众人智慧。他们主要是本丛书作者、为本丛书提供研究成果资料的专家，以及许多业内人士。在此对他们的辛苦和付出一并表示衷心的感谢！最后，由于时间、精力有限，丛书中定有一些不当之处，敬请读者批评指正！

赵志耘

2019 年 8 月 29 日

目　录

第四篇　　环保智能化，绿色新时代

第一篇

环保行业简史

第一章 ◉···

中国环境保护综述

我国的环境保护行业历经几十年的发展，从最开始的几乎一无所有到现在基本建成完善的环保制度、监督制度、预防和治理制度，取得了十分突出的成绩。在此过程中，对于环境保护的认识历经挫折和反复。在此期间，人们对环境保护的要求和人民追求美好生活愿望的矛盾也曾非常突出，甚至长时间出现了"主要河流水域大面积污染""雾霾席卷全国绝大部分地区""土壤大面积重金属超标"等关系到每个人生活质量的问题；我们也曾经为了追求 GDP 增长、经济快速发展，走了"先污染后治理"的弯路。进入 21 世纪，在雾霾席卷全国的空气污染的压力下，国家下大力气，拿出壮士断腕的决心，终于让环境污染的局面有了较为根本的改变。

在新的历史时期，我们必须意识到：我国总体环境容纳能力较为脆弱的局面仍没有根本改变，在很多领域我们的重工业、轻工业产量居世界前列，钢铁、水泥、车辆等很多工业行业产量高居世界第一，我国以煤炭为主的能源结构还没有根本性的扭转，在此情况下，环保问题仍不能掉以轻心。因此，在已有基础上对整个环保行业进行重新梳理势在必行。随着人工智能在各个行业的不断深入，其为环保行业更好地发展提供了有利的思路、工具和方法。

第一节　环境污染分类

环境污染是一个十分复杂的问题，为了清楚认识环境污染造成的原因，我们首先从不同维度对环境污染进行划分。环境污染的大类包括空气污染、水污染、土壤污染、固废污染和其他污染（图1-1）。

图1-1　环境污染分类

1. 空气污染

近些年，国家采取十分严格的环保政策，监督执法力度进一步加大，空气污染的情况有所改观，但我们必须认识到，中国是一个燃煤大国、工业大国和汽车大国，有大量的SO_2、氮氧化物、灰尘等排到空气中形成污染，影响人们的正常生产生活。空气污染物细分的种类非常多，正式列入我国环境保护标准的空气污染物达数百种。

（1）空气污染的分类

按空气污染物产生渠道分类，可分为工业固定源空气污染、车辆移动源空气污染、与日常生活有关的空气污染及其他空气污染等 4 类。其中，工业固定源空气污染主要是火力发电、冶金、石化、煤炭、建材等重工业企业及少数轻工业企业采用以煤炭为主的能源在燃烧过程中及在化学合成过程中排放的有毒有害气体；车辆移动源空气污染主要是乘用车和商用车在行驶过程中，汽油、柴油燃烧尾气造成的污染；与日常生活有关的空气污染主要是饮食业油烟排放污染、室内装饰装修材料释放有害物污染、室内空气污染；其他空气污染主要是建筑施工污染、垃圾焚烧污染、作物秸秆焚烧污染等。

按空气污染物的物质类型可分为气体污染、颗粒物污染和复合型污染等 3 类。其中，气体污染物主要包括 SO_2、氮氧化物、气态有机化合物、CO、O_3 等光化学烟雾中气态污染物和一些含卤族元素的气体等。颗粒物污染物主要包括粉尘和酸雾及其他气溶胶颗粒等。当各种气体污染物、颗粒物污染物在同一地区、同一时段出现时，便是复合型污染。在复合型污染条件下，气体污染物和颗粒物污染物可发生相互作用，产生新的污染，大家最为常见、对人民日常生活和身体健康有较大影响的就是雾霾。

按空气污染物化学物理性质的不同可分为还原型污染、氧化型污染、石油型污染、其他特殊污染、挥发性有机化合物（VOCs）等 5 类。其中，还原型污染常发生在以使用煤炭和石油为主的地区，主要污染物有 SO_2、CO、氮氧化物、H_2S 等；氧化型污染是指汽车尾气污染及其产生的光化学污染；石油型污染主要来自于汽车排放、石油冶炼及石油化工厂的排放，包括 NO_2、烯烃、链烷、醇等；其他特殊污染主要是从各类工业企业排出的各种化学物质；VOCs 是一类挥发性有机物，一种物质的挥发性是指它从液体或固体变成气体的倾向。有类挥发性有机物一旦暴露到空气中，就会迅速地从液体或固体变成气体（图1-2）。

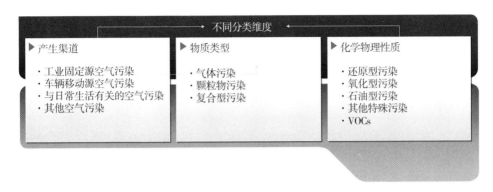

图1-2　环境污染按维度分类

（2）空气污染的危害

空气污染物对人体的危害是多方面的，在我国，人们对污染物感受最强烈的就是空气污染物。与水体污染和固废污染相比，空气污染最为直观、影响面最大，对人体健康的影响也很直接。从多年前人们认为"脏"的沙尘暴到现在的雾霾，人们真切地感受到空气污染物的严重危害。如前面所述，空气污染物的化学成分十分复杂，可以引起身体多方面的疾病，其中常见的包括以下几个方面。

①一般的空气污染物容易引起呼吸系统疾病、眼鼻喉黏膜组织受损、胸闷气短、体力下降、头痛、老年性哮喘、慢性支气管炎、儿童持续性感冒等。

②严重的空气污染物会造成急性污染中毒、病状急剧恶化，甚至在国外出现过在几天内夺去上千人生命的严重空气污染事件。

③根据卫生健康委发布的我国城市居民死亡原因排序，恶性肿瘤死亡排在第一，其中肺癌又居其首位，而普遍的观点认为有些癌症（尤其肺癌）和长期吸烟及长期处于空气污染的环境中有较大关系。

2. 水污染

我们的物质生活正逐渐丰富起来，但我们赖以生存的自然环境无疑是在持续恶化，因为时代的发展，我们正在越来越多地制造污染。水污染的来源来自于各个方面，其中有矿山污染源、工业污染源、农业污染源、生活污染源等几类。很多疾病，尤其是近年才出现的病，是通过饮用不卫生的水传播的，其中比较有名的"水俣病"就是通过直接或间接摄入了被重金属污染的水而造成的。据不完全统计，因直接或间接饮用被污染的水，全球范围内每年都有成百上千万人死亡，这一严重问题在欠发达国家尤为突出。水污染在一定程度上，被公认为是"世界头号杀手"。

（1）水污染产生的渠道

水污染主要包括工业水污染、农业水污染和生活水污染三大部分（图1-3）。

图1-3 多渠道的水污染

重要的污染源之一是工业废水，其排量大且面积广，包含的污染物成分复杂且毒性大。正是由于来自于工业废水的污染物千差万别，对工业污水净化也变得异常困难。

农业水污染包括两类：一是农业活动中，土壤中的物质随着降雨等流入河流湖泊中，增加大量水体悬浮物；二是农业生产中需要大量使用农药、化肥、杀虫剂、除草剂，这些都含有对人体有害的化学成分。这些化学合成的物质往往只有一部分被植物吸收及消灭害虫杂草（超量使用的这些化学合成物会被动物食用，通过食物链直接和间接进入人体，日积月累会带来各种疾病），其余绝大部分残留在土壤和空气中。隐藏在土壤、空气中的化学物质往往通过降雨经过地表径流和地下渗透形成地表水污染和地下水污染，最终对江流湖泊造成污染，引起藻类及其他水生物异常繁殖，引起水体变化，导致水质恶化。

生活水污染主要是指生活中使用的各种洗涤剂和厨房污水、浴室污水、厕所污水粪便等，生活污水中含氮、磷、硫多，致病细菌多。

（2）水污染的分类

水体污染物按不同的维度有不同的分类，比较主流的是按照污染物的来源分类，在这种分类维度之下，我们一般将水污染分为物理污染、化学污染、生物污染等（图1-4）。

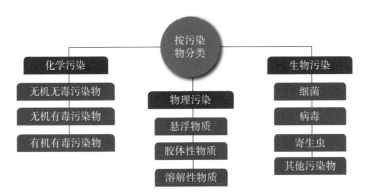

图1-4　污水污染物分类

物理污染物主要是影响水体的颜色、浊度、温度，包括悬浮物质、胶体性物质和溶解性物质。

化学污染物包括酸、碱、无机盐等无机无毒污染物，重金属、氰化物、氟化物等无机有毒污染物，酚类化合物、有机农药、多环芳烃、洗涤剂类耗氧有机物等有机有毒污染物。

生物污染物主要包括污水排放中的细菌、病毒、原生动物、寄生虫及大量繁殖的藻类等。

（3）水污染的危害

相对于空气污染物的直接危害，水体污染物往往不容易让人们直接感受到，但实际上水污染的危害和影响一点不亚于空气污染物。

①一般水污染危害。一般水污染危害往往让人体很难察觉，日积月累会产生慢性中毒，对身体产生十分不利的影响。这种慢性污染一般是通过长时间饮用有污染的水或者食物链进入人体，最终造成慢性中毒，比较常见的有超标铅、钡、汞、镉等金属元素中毒、农药中毒、有机物中毒等。

②严重水污染危害。根据世界卫生组织统计，在一些落后和发展中国家，尤其在非洲干旱地区，每年死于霍乱、痢疾等由水引发传染病的人数超过500万人，这个数字十分触目惊心。就中国而言，也同样面临着人均合格饮用水远远低于世界平均水平的情况，每年因为饮用不干净水而引发疾病甚至死亡的人数达到10万人。

3. 土壤污染

相对于空气污染和水污染，可能土壤污染较容易让人们忽略。但实际上，土壤污染可能造成长期和潜在的影响也是要引起我们高度重视的。目前，土壤的重金属超标、农药残留超标、土壤养分和水分减少、土壤盐碱化和沙漠化加剧等会影响每个人的生活，影响国家的食品安全与农业可持续发展。

（1）土壤污染的分类

土壤污染按污染源不同可分为工业污染、农业污染和生活污染等3类。其中，工业污染源是指工业企业生产经营活动中排放的废气、废水、废渣，这是造成周边土壤污染的主要原因。同时，常见的企业尾矿渣、危险废物等各类固体废物堆放会导致周边土壤污染。农业污染是造成耕地土壤污染的重要原因。污水灌溉，化肥、农药、农膜等农业投入品的大量使用，很容易导致耕地土壤污染。生活污染源是指日常生活中产生的大量生活垃圾、废旧家用电器、废旧电池、废旧灯管等，以及日常生活污水，这些都会造成周边土壤污染。另外，汽车尾气排放会导致交通干线两侧土壤被铅、锌等重金属和多环芳烃污染。

（2）土壤污染的危害

①土壤污染直接影响人类、牲畜、野生动物的生命健康。土壤污染通过食物链、呼吸、皮肤接触及无意吸食等多种途径影响生物，且部分污染具有致癌性，

给人类、牲畜、野生动物的生命健康造成严重危害。

②土壤污染引致水污染，联合破坏整个生态体系。经降雨或人工灌溉，经受污染的土壤渗透的地表水体直接被污染，土壤和水质的双重污染，对动物、植物、微生物整个生态体系造成危害。

③土壤污染导致粮食安全和食品安全，影响社会稳定。土壤受污染后导致粮食减产，重金属等部分有毒物质也会在作物中沉积，导致粮食安全和食品安全；同时，土壤污染的防治和恢复涉及农民、矿工等的搬迁、安置等，影响社会稳定。

④土壤污染的危害持续性强。由于土壤污染大多具有污染区域广、治理难度大、治理周期长的特点，在土壤污染的修复周期内，土壤污染造成的危害会在人、牲畜、作物、野生动植物中持续存在（图1-5）。

图1-5　土壤污染的危害

4. 固废污染

随着人们生活水平的提高，环境意识越来越强，我国固体废弃物（简称"固废"）的处理渐渐引起人们的重视。

（1）固废污染的分类

固废污染物按废物产生的污染源可分为工业废弃物、医疗废物、城市生活垃圾等3类。

其中，工业废弃物包括一般工业固体废弃物和危险工业固体废弃物。一般工业固体废弃物是在工业生产和加工过程中产生的，如排入环境的各种废渣、污泥、粉尘等。工业固体废弃物如果没有严格按环保标准处理处置，将会对土地资源、水资源造成严重的污染。危险工业固体废弃物特指有毒有害废弃物，具有易燃性、腐蚀性、反应性、传染性、毒性、放射性等特性。从危险工业固体废弃物的特性看，它对人体健康和环境具有巨大危害。

医疗废物是指医疗卫生机构在医疗、预防、保健及其他相关活动中产生的具有直接或者间接感染性、毒性及其他危害性的废物。主要有感染性废物、病理性废物、损伤性废物、药物性废物、化学性废物等 5 类。

城市生活垃圾是指在城市日常生活中或者为城市日常生活提供服务的活动中产生的固体废弃物。主要包括有机类垃圾，如瓜果皮、剩菜剩饭；无机类垃圾，如废纸、饮料罐、废金属、塑料制品、橡胶制品等；有害类垃圾，如废电池、荧光灯管、过期药品等（图 1-6）。

图 1-6　固废污染的分类

（2）固废污染的危害

进入环境的固体废物是潜在污染源，在一定条件下会发生化学、物理或生物的转化，导致有毒有害物质长期不断地释放，进入环境，污染地表水体和地下水体、大气和土壤，并通过食物链对生态环境和人体健康产生多种危害。危险工业固体废弃物因有毒有害物质较多，更容易造成严重的污染事件及对身体的损害。

5. 其他污染

除了上面人们日常接触和熟悉的常见污染之外，其他污染还包括噪声污染和辐射污染等。

噪声污染的主要来源有交通噪声、工业噪声、建筑噪声和社会活动噪声，噪声往往发生在人口密集地区，有时会严重影响居民的休息与生活，极易引起邻里纠纷和投诉事件。噪声通过听觉器官作用于大脑中枢神经系统，能诱发多种疾病，会产生头痛、脑涨、耳鸣、失眠、全身疲乏无力及记忆力减退等神经衰弱症状。

辐射污染主要包括建筑装修材料和医疗过程中的放射性污染、工业和家用电子产品的辐射污染。辐射污染的隐蔽性非常强，会长期缓慢释放有害物质，不易被察觉到。近年来，随着白血病等一些病例的高发，人们日益重视辐射污染对人体造成的潜在伤害。

第二节　环保行业划分

环保行业可按环保产业链和污染物两个维度划分。

1. 环保行业按环保产业链划分

按环保产业链可分为两大类：一类是环保相关产品；另一类是环保相关服务（图 1-7）。

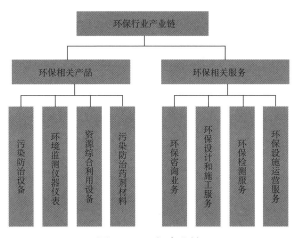

图 1-7　环保产业链

①环保相关产品。环保相关产品生产商主要是通过生产、出售产品来获取收益，模式较为单一，主要包括：各类污染防治设备，如除尘、水处理设备等；各类环境监测仪器仪表，如各种气体在线监测仪器仪表、污水成分监测仪器、土壤污染物分析仪器等；资源综合利用设备，如废水、废气、废渣（固废）进行回收和合理利用、循环使用的各种设备；污染防治药剂材料，如脱硝催化剂、脱硫剂、氨水、除臭剂等。

②环保相关服务主要包括环保咨询业务、环保设计和施工服务、环境监测服务、环保设施运营服务等4类。

环保咨询业务。某个新上项目立项时，企业需要找专业的环保咨询机构编制项目环保和污染物处理排放可行性规划，该环保规划报告得到政府同意后方可立项；某企业涉及污染物排放超标时也需要专业环保咨询机构出具解决方案。

环保设计和施工服务。对于具体环保项目，首先都要进行设计，设计方案符合有关要求后，将进入环保施工阶段，环保施工还包括土建施工、钢结构施工、设备安装等。经常把设计、设备采购、施工等组合在一起称为EPC总承包工程。

环境监测服务。环境监测包括内部监测和外部监测，更多的以外部监测数据为主要依据。外部监测主要由环保部门来主导，防止各类环境污染事件。环保部门一般具有监测能力，也会委托第三方进行环境监测，一旦发现企业有超标排放行为，则根据情节轻重进行处罚甚至勒令企业停产。

环保设施运营服务。随着社会分工的专业化，现在很多大型企业如电厂、钢铁厂会把环保部分整体交给专业公司去运营，采购一种全寿命周期的服务模式，这种模式成为国内外主流趋势。通过专业公司的运营，能够进一步保证工程质量、提高服务水平、节约运营成本等，主要包括EPC+C、BOT、BOOM和PPP等4种形式（图1-8）。

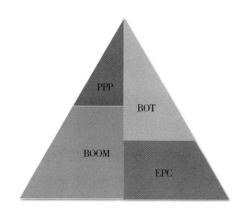

图1-8　环保色是运营服务新模式

EPC（Engineering-Procurement-Construction）是指企业把环保工程委托进行总承包，待环保工程建好后，再把工程托管给总承包方进行日常运营、维护和管理。企业会给托管方一定的日常运营费用。如果企业能得到较大金额的环保补贴，则会和托管方在合同中约定双方如何分配。

BOT（Building-Operation-Transfer）是指企业把环保项目在一段时间内交给总承包方，总承包方负责工程的建设，同时在约定时间内，取得的收益归总承包方所有，在约定时间到来后，总承包方再把项目移交给企业。

BOOM（Building-Owning-Operation-Maintain）和BOT类似，只是BOOM是长期将环保项目交由第三方来运行和维护。

PPP（Public-Private-Partnership）又称PPP模式，即政府和社会资本合作，是公共基础设施中的一种项目运作模式。该模式鼓励私营企业、民营资本与政府进行合作，参与环保基础设施的建设。政府和企业双方按照平等协商原则订立合同，由私营企业、社会资本提供公共服务，政府依据公共服务绩效评价结果向企业和社会资本支付对价。

2. 环保行业按污染物划分

按污染物划分，可分为大气环境治理行业、水处理行业、固废处理行业，以及其他污染物防治行业。

（1）大气环境治理行业

大气环境治理行业主要是应用脱硫处理技术、脱硝处理技术、工业除尘技术、VOCs 处理技术、汽车尾气处理技术等对空气中的污染物进行治理。业务涵盖脱硫、脱硝、除尘设备和消耗品的生产，EPC 总承包工程，有关设施的运行维护等。我国的大气环境治理产业链示意如图 1-9 所示。

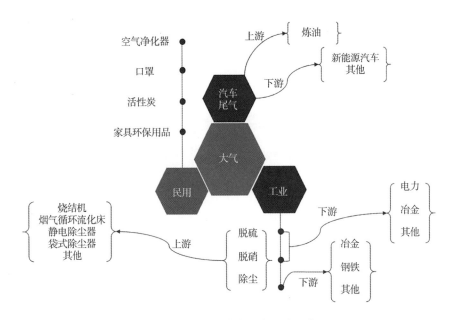

图 1-9　大气环境治理产业链示意

（2）水处理行业

水处理行业主要是应用物理处理法、化学处理法、生化处理法等技术对污水进行处理。业务涵盖水处理设计、咨询，水处理产品生产，水处理设备制造，水处理工程总承包，以及水处理项目运营等细分领域。其中，水处理设备包括鼓风机、水泵、膜设备、消毒设备等。我国水处理行业产业链的情况如图 1-10 所示。

（3）固废处理行业

固废处理行业是指应用各种环保技术，通过物理、化学、生物、物化及生化方法把生活垃圾、工业固废和危险固废，转化为适于运输、贮存、利用或处置的过程，固废处理的目标是无害化、减量化、资源化。随着城镇化的加速和工业化达到较高水平，我国的固废处理数量越来越巨大，固废处理行业呈现快速发展态势，固废处理技术和效率也得到了极大的提升。我国固废处理的产业链如图 1-11 所示。

图 1-10　水处理产业链

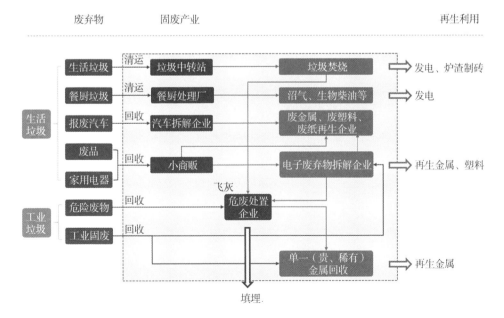

图 1-11　固废处理产业链

第三节　中国主要环境污染问题

中国改革开放 40 多年来，国家经济和人民生活水平得到迅速提高，与此同时，环境污染和破坏也成为重大的社会问题，严重威胁人们的日常生活和身体健康。尤其在 2010 年之后，在全国大范围出现的雾霾，是环境污染最为突出的表现。根据世界多个国家的历史经验来看，工业化快速发展时期也是环境污染最严重的时期，我国也未能摆脱这个严峻的现实。目前，环境污染主要表现在严重的空气污染、水域污染、固体废弃物和土壤污染、生态环境恶化等 4 个方面。

1. 严重的空气污染

近些年，我国的空气污染问题越来越突出，尤其在我国东北、华北工业较为发达的地区，几乎所有人都无法摆脱环境污染带来的影响。空气污染严重的主要原因是：我国是多煤少油的国家，在我国能源结构中，一次能源中煤炭占 70% 以上，燃煤产生的烟尘、SO_2、氮氧化物等都是空气污染物的主要来源，同时我国钢铁、石化、水泥、玻璃、铝业等重工业的产量均居世界前列，大量工业品的生产需要燃烧燃煤，这些都是形成雾霾、酸雨等空气污染的最主要因素。我国已成为继欧洲、北美之后的第三大酸雨沉降重点地区之一。此外，中国近年来一直是世界上最大的汽车产销国，汽车保有量高居世界第一，汽车尤其是柴油车尾气污染突出，车辆排放的氮氧化物、CO 等已经成为我国大城市的重要流动污染源。世界上污染最严重的 10 个城市之中，仍有 7 个位于中国。在全国 600 多个城市中，空气质量符合国家一级标准的数量很少。

2. 水域污染

在我国工业快速发展的过程中，较长一段时间的环保制度和环保监管明显跟不上企业发展的步伐，导致企业任意排放工业废水和污染物。我国七大水系有 1/3 以上河段的水质不能达到使用功能要求，多个淡水湖泊和城市湖泊为中度污染。很多江河中的淡水鱼和其他生物都无法生存，食用以污染水浇灌的种植物及日常饮用污染水都会给身体健康带来严重的影响。

3.固体废弃物和土壤污染

我国对固体废弃物的处理处置率较低，多数垃圾只是露天放置。这不仅占用大量土地，还污染了耕地及地表水和地下水。除了一般的固体废弃物，还有大量有毒有害的危险废弃物，这包括废旧电池、医疗废弃物、工业危险固体废弃物等，一旦不小心过量接触，很容易使接触人群患各种急性或慢性的重大疾病。

4.生态环境恶化

我们的总体生态环境压力很大，突出表现为荒漠化、沙化面积扩大和水土流失严重（图1-12）。

图1-12　生态环境的恶化

第二章 ◉ ⋅ ⋅

中国对环境保护的认识路径演变

自中华人民共和国成立以来，随着我国经济发展和环境保护压力的不断增加，我国在环境保护领域的意识、立法和执行情况发生了翻天覆地的变化。

第一节　中国主要环境保护法律法规

自 1979 年我国制定第一部环境法以来，目前已经颁布实施的环境污染防治方面的法律主要有以下这些。

《环境保护法》颁布于 1989 年 12 月 26 日。该法是对 1979 年《环境保护法（试行）》的修订，是一部环境保护综合性的基本法。该法规定了我国环境保护的基本原则和制度，如将环境保护纳入国民经济和社会发展计划；实行经济发展和环境保护相协调、预防为主、防治结合、综合治理等原则，以及环境影响评价制度、"三同时"制度、排污收费等制度。该法较为全面地规定了环境监督管理、保护改善环境、防治环境污染和其他公害及违反此法应承担的法律责任等方面的内容。

《海洋环境保护法》颁布于 1982 年 8 月 23 日，该法规定了防止海岸工程对海洋环境的污染损害、防止海洋石油勘探开发对海洋环境的污染损害、防止陆

源污染物对海洋环境的污染损害、防止船舶对海洋环境的污染损害、防止倾倒
废弃物对海洋环境的污染损害等方面的内容。

《水污染防治法》颁布于 1984 年 5 月 11 日。该法对水环境质量标准和污染
物排放标准的制定、水污染防治的监督管理、防止地表水和地下水污染及违法
应承担的法律责任等方面做了较为详细的规定，是我国在内陆水污染防治方面
比较全面的综合性法律。

《大气污染防治法》颁布于 1987 年 9 月 5 日，该法对空气污染防治的监督管理、
防治燃煤产生的空气污染、防治废气、粉尘和恶臭污染等内容做了明确规定。
该法是我国在防治空气污染方面综合性的法律，也是国家和地方制定保护和改
善大气环境的实施细则、条例、规定和办法等法规的依据。

《固体废物污染环境防治法》颁布于 1995 年 10 月 30 日，该法规的适用范
围是工业固体废物、城市垃圾及危险废物的环境管理。该法规定了固体废物污
染环境的防治（包括工业固体废物和城市生活垃圾）、危险废物污染环境的防
治及法律责任等方面的内容。

《环境噪声污染防治法》颁布于 1996 年 10 月 29 日，该法在吸收了国务院
发布的《环境噪声污染防治条例》有关内容的基础上，对环境噪声污染防治的
监督管理体制、工业噪声污染防治、交通运输噪声污染防治、社会生活噪声污
染防治及相应违法责任等方面的内容做了明确规定（图 2-1）。

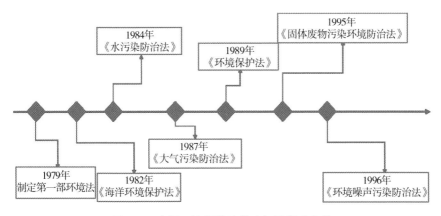

图 2-1　中国环境保护法律法规里程碑事件

第二节 中国环境保护发展主要里程碑

1. 环境保护意识缺失阶段（1949—1971 年）

新中国成立后，中国各行各业的基础都十分的羸弱，整个国家处于百废待兴的局面。国家从 1953 年开始制定五年发展规划，全力发展以工业为主的各个行业。在这个历史时期，环境保护的概念很弱。其实，此时西方发达国家正处于重工业化时代，很多的环境污染问题已经变得十分突出，但新中国刚刚成立，刚刚建立工业基础，很难理解同时期国外已经开始出现的严重环境污染问题。

在此阶段，中国一切的事情均让位于工业发展，环境保护几乎是空白的。以"大炼钢铁"为标准的"大跃进"时期更是使这种状况达到高潮，整个经济处于"高速度、高污染、低效益"的一个局面。在人民尚且解决不了温饱问题的情况下，环境保护完全无从谈起。

在"文化大革命"期间，工业建设体系的进程也进一步遭受阻碍，虽然在此过程中，国家也出台过少数的关于防范环境污染的文件，但总体来讲，在对环境保护的认识上有偏差，也存在很多执行上和监管上不到位的情况。

2. 意识到环境保护重要意义并开始采取措施阶段（1972—1988 年）

1972 年，对于中国的环境保护来讲是具有里程碑意义的一年。这一年，由万里任组长的官厅水系水源保护领导小组成立，该领导小组也是国家成立最早的环保部门。也在同一年， 中国派团参加联合国第一次人类环境会议。会议通过了《联合国人类环境会议宣言》，简称《人类环境宣言》，呼吁各国政府和人民为维护和改善人类环境，造福全体人民，造福后代而共同努力。这一年，环境保护意识才真正上升到国家层面。

1979 年颁布的《环境保护法（试行）》是中国第一部正式对于环境保护进行的立法，具有划时代的意义。目前执行的环境保护的基本思路和要求仍来源于此次立法。《环境保护法（试行）》明确了对大气、水、土壤、生态等环境进行保护和综合开发利用。对于工业企业新上项目明确提出了立项时必须进行环保审批的要求，也第一次提出了防止污染和其他公害的设施必须与主体工程"同时设计、同时施工、同时投产"；各项有害物质的排放必须遵守国家规定的标准。同时要求企业积极试验，采用无污染或少污染的新工艺、新技术、新产品。

《环境保护法（试行）》的推出，为中国的环境保护明确了方向、标准和方法。但当时中国的工业和经济都处于比较落后的局面，虽然《环境保护法（试行）》已经推出，但在之后 10 年左右时间里，环境保护的执行还是远远跟不上工业和经济的快速发展要求，但总体上环境保护和经济发展的矛盾并未凸显。

3.《环境保护法》正式实施，环境保护和经济发展矛盾显现阶段（1989—2000 年）

1989 年，《环境保护法》在试行 10 年后正式颁布，本次颁布的环境保护法在试行版的基础上进一步强调了环境保护的事后监管、日常监管及违反环境保护的法律责任。

1989—2000 年，中国经济得以快速发展，中国的工业大国地位得以正式确认。但同时，我们也意识到，虽然中国是工业大国，但远远不是工业强国，工业领域的核心技术、知识产权几乎都掌握在国外企业手里，中国更多的是资源消耗型、环境污染型、代加工型等低端工业产品，低附加值工业领域的快速发展，使环境保护与经济发展的矛盾逐步显现。

虽然《环境保护法》对于事前审批、事后监管、日常监督都有十分明确的规定，但在各级政府追求 GDP 发展的情况下，在执行过程中很难做到位，这为中国进入 21 世纪后环境保护和经济快速发展之间的矛盾留下了较多隐患。

4. 经济快速发展，环境保护让位于经济发展阶段（2001—2013 年）

环境保护和经济发展矛盾激化，雾霾成为最突出的表现形式。进入 21 世纪，中国经济继续加快发展，2001—2013 年，中国 GDP 从第 6 名上升到第 2 名。在经济快速发展的过程中，经济发展和环境保护的矛盾激化到了十分严重的程度。

2001 年，北京赢得了 2008 年奥运会的举办权，北京奥组委明确提出了"绿色奥运、科技奥运、人文奥运"的口号。为了打造绿色奥运，北京市投入数千亿元进行环境整治，取得了较为突出的效果。但因环境保护是全国性的问题，在2009年之后，经济快速发展超越环境承载能力的矛盾越来越凸显。

2013年，"雾霾""PM10""PM2.5"等成为年度关键词，2013年1月，4次雾霾过程笼罩全国，在首都北京仅有5天不是雾霾天。中国较大的500个城市中只有不到1%的城市达到世界卫生组织推荐的空气质量标准，世界上污染最严重的10个城市有7个在中国。

在严峻的环境污染压力下，中国政府提出"要金山银山，更要绿水青山"的口号，中国向世界宣告，环境保护的战役真正开始打响。京津冀地区有关重大活动时停产、限产、供给侧改革、车辆限行等环保政策不断出台和加强，以壮士断腕的决心来治理以雾霾为代表的环境污染问题。

5. 经济发展与环境保护和谐共生阶段（2014年至今）

以空气中的雾霾为代表的环境污染物开始施虐中国的大部分城市，中国开始对环境污染进行背水一战，原来以GDP增长作为国家最主要的经济发展目标，现在也进行了调整，宁可使发展的速度降下来，也要没有污染的GDP、绿色的GDP。整个国家的各级环境保护部门有关人员十分忙碌，全年365天、每天24小时的日常监管、明察暗访从不间断。企业在环境保护方面如果出现违规，将根据有关环境保护法规依法严查，轻者罚款或限期整改，重者要停产整顿，对环境造成重大影响的可追究主要负责人的刑事责任。

此时，国家的经济发展也到了一个新的阶段，之前经济快速发展的一些矛盾也开始暴露，工业发展面临着升级换代的问题，淘汰落后产能、去掉多余产能成为重要工作任务，同时外部国际环境的变化，使得中国经济面临非常复杂的局面。

为了实现环境保护和经济的和谐发展，现在国家在大力鼓励新的工业产业的发展，主要包括5G基建及应用、光伏电网及特高压、工业互联网、城际高速铁路和城际轨道交通、新能源车及充电桩、人工智能、云计算大数据中心等领域，这既是践行绿色GDP的发展理念，也是工业转型升级的需要。近些年，5G

通信的华为公司、云计算的阿里巴巴集团、高铁领域的中国中车集团等是这些领域最为杰出的代表。

　　中国的环境保护和经济发展已走到关键的历史阶段，无论从经济转型发展的需要，还是从环境保护本身的需要，中国必将进入经济发展与环境保护和谐共生阶段。而环境保护也将把人工智能、云计算、大数据等各种工具和手段应用起来，真正实现环境保护和经济发展的共融共生（图 2-2）。

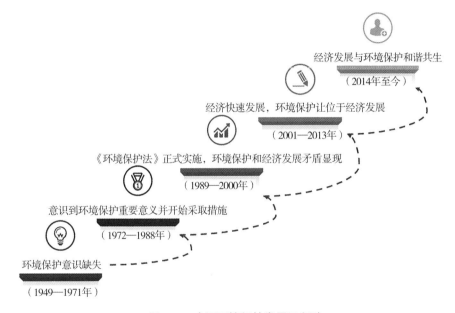

经济发展与环境保护和谐共生

（2014年至今）

经济快速发展，环境保护让位于经济发展

（2001—2013年）

《环境保护法》正式实施，环境保护和经济发展矛盾显现

（1989—2000年）

意识到环境保护重要意义并开始采取措施

（1972—1988年）

环境保护意识缺失

（1949—1971年）

图 2-2　中国环境保护发展里程碑

第三节　中国环境保护仍面临的问题

1. 环保投入不足

　　环保行业与宏观经济相关性较小，但与行业政策关系密切。环保产业具有公益性，同时也是典型政策驱动型的产业，其发展与国家的政策法规和政府干预、引导密切相关。从环境污染治理投资增速与 GDP 增速的相关性分析来看，两者

之间存在着一定的正相关，但相关性较小。环保行业不会随宏观经济的周期起落而相应变动，但其变动与政策出台情况紧密相关，环保行业的发展呈现出十分典型的政策依赖性与驱动性。

目前，国内环保投资规模仍落后于发达国家。从 2017 年的环保投资绝对数值等数据看，比以前有了大幅增加，但从相对 GDP 的占比看，国内环保投入的相对规模还处于较低水平，和发达国家相比仍有差距。尽管目前欧美等发达国家已经过了环保领域治理高峰（图 2-3）。

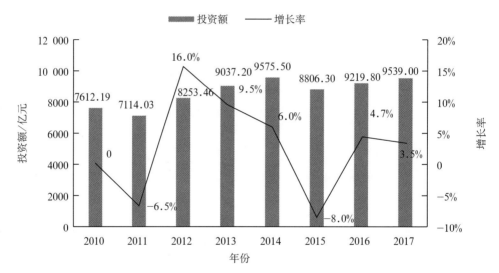

图 2-3　我国环境污染治理投资额增长情况

根据发达国家经验，环保投入占 GDP 的比重在 1% ～ 1.5% 时，才有可能遏制环境污染的趋势；比重升至 2% ～ 3% 时，才有可能改善环境质量。国内环保投资占 GDP 的比重尚未达到 2%，由此看来，目前国内环境污染治理投资占GDP 比重与国家规划及经济发达国家相比仍然有比较大的差距。因此，我国在环保领域的投资仍有很大的提升空间（图 2-4）。

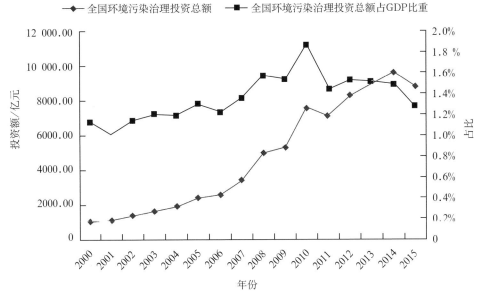

图2-4　我国环境污染治理投资总额与占 GDP 比例

2. 历史包袱较重，难以短时间内扭转

我国近些年来在环保领域不断加大投入，也取得了一些成效。但总体来讲，我国二元经济的不平衡结构进一步导致某些地区的环境承载压力加大，环境保护还有很多工作要做，而且要持之以恒。

在历史发展的进程中，我国不可避免地经历了其他发达国家先污染、后治理的老路，因我国整体规模较大使得环境保护的问题更加突出。在环境承载上，无论是空气、河流湖泊还是地下水、土壤，常年的污染物排放使环境保护背上了较大的历史包袱，虽然我国近些年下定决心，采取一切必要手段来应对和解决环境问题，但我们在取得一些成绩的同时，也看到很难在短时间内完全扭转被动局面，距离我们能够享受到"青山、绿水、蓝天"的生活环境还有很长的路要走。欣慰的是，我们现在的环境保护之路已经走上了正确的方向。

3. 环保产业远未形成规模效应，核心技术仍然欠缺

我国环保行业规模总体仍旧偏小、创新能力不足。目前，我国有众多的中小环保企业，但企业规模都偏小，同时，还未出现强有力的龙头环保企业能带领整个环保产业发展。整个环保行业专业化特色发展不突出且分布较分散，生产社会化协作尚未形成规模，经常处于无序竞争状态。

我国目前的环保技术仍很弱，许多尖端环保技术仍掌握在国外企业手里，我国环保企业经常处于产业链的低端，产品的附加值比较低。环保技术创新能力不强，生产的多为技术含量及附加值低的产品，核心、关键部件、关键专利、配方等的自主化率不高。产品质量低下问题较为突出，运行效果难以保证。政策环境不健全，难以有效促进市场需求使其健康运行。

十几年前，我们为了引进一些环保技术，在付出高昂的技术转让费之外，往往还要按照项目的额度给予技术提成费用。即使是这样，当国内企业学习到了国外的先进环保技术之后，发现环保技术已经更新换代，更先进的技术又研发出来，迫使国内企业再次购买新的技术。

我国环保行业的体制创新仍不够。特许运营、BOT等运营模式还未得到广泛应用。我国众多的工业企业都是污染大户，必须使用各种环保设施，在此过程中，环保公司会提供环保设计、环保产品和环保总承包等一揽子解决方案。但往往工业企业在运行过程中，存在操作不规范，维护不得当、维护成本高，甚至经常出现排放不达标等情况。

出现上述种种情况的原因主要是工业企业中专业从事环保业务的人员较少，在环保设施的运行维护方面经验欠缺，同时在原材料采购等方面也不具备规模优势。

因此针对这样的情况，环保行业需要对经营模式进一步创新，环保企业不仅为客户提供一次性的解决方案，也完全可以参与后期的运营维护，形成专业效应和规模效应（图2-5）。

图 2-5　我国环保发展中存在的问题

第四节　中国环境保护未来发展建议

1.继续加强环境保护立法，加大资金和资源投入

中国的环境保护是一个长期复杂的工程，经常和经济发展相矛盾。现在，举国上下已经意识到必须大力加强环境保护工作，别无他路可走。这既有利于人民的身心健康，更有利于子孙后代。

首先，我国需继续加强环境保护立法，对故意污染事件保持高压态势，下定决心来整治环境，进一步通过法律手段加大奖惩力度，进一步强化环保问题的一票否决制，废水、废气、固废危废等污染物排放不达标项目决不允许上马，对于已经生产经营的企业进行不定期抽查，同时要求企业加装各种人工智能的在线监测装置，无论是水、电、气，只要存在超标使用和超标排放行为，监管部门都能在第一时间远程掌握并立即进行现场处理。

其次，我国需继续加大对环保的资金和资源投入。从环保投资额在 GDP 中的占比来看，我们的环保投入还明显不足，还不能彻底扭转环境保护方面的被动局面。接下来须进一步通过各种方式引导和吸引资金进入环保领域，使得整条环保产业链都能得到进一步的发展。

2. 加快扶持和发展领先的环保技术

国家有关部门通过政策手段，持续扶持和发展先进的环保技术和环保产品。在过去几十年里，我国通过市场换技术、资金换技术等各种办法，引进吸收国外各种先进的环保技术。但总体来讲，我国的环境保护技术一直处于跟随状态，具有完全自主知识产权的环保技术很少，而我们引进的环保技术又经常在更新的环保排放标准下变得落后，然后又开始再一轮的技术引入。为此，国家监管部门和重点环保企业应加大对环保技术的研发工作，明确技术方向，力争能够在某些重要环保领域，如车辆的国六标准减排技术、土壤修复技术、工业和生活用水处理技术、大气多种污染物联合脱除技术等方面赶超竞争对手。

3. 加强对环保产业经营模式探索

进一步加强对环保产业发展模式的探索。环境保护本身不会产生经济效益，但环境保护涉及方方面面的企业乃至个人生活习惯，因此环保产业具有特殊性。那么我们需要对环保产业发展模式进行探索，其中专业化分工降低运营成本、降低企业负担是必须要考虑的事情。

现在很多有各种污染物排放的大型企业，按照"主辅分离、专业分工"的思路，开展 BOT 特许运营业务，有些市政环保工程采取 PPP 的模式。这些新的经营模式就是让企业能把不熟悉、非主业的环保业务剥离出来让专业环保公司去处理，环保公司具有规模优势、成本控制能力和技术人才优势，比企业自己经营更能够降低成本，额外降低的成本由企业和专业环保公司分享。这样企业能够腾出更多时间和精力来处理主业的事情，使得双方受益。

总之，无论是 BOT 还是 PPP，环保产业领域的创新和探索将会一直持续下去，最终能够形成低成本、高效率和高效益的经营模式。

4. 加强大数据、人工智能在环保领域的应用

环保行业总体上应归属于传统设计、制造业和工程领域。随着云计算、大

数据和人工智能在传统领域的深入应用，环保行业也必须积极拥抱人工智能和互联网领域。环保行业在各个方面需要人工智能技术的参与，这样可以提升环保行业的智能化水平、提升效率、降低人工成本（图 2-6）。

图 2-6　我国环境保护未来发展建议

第三章 ◉ ● · · ·

主流环保技术

根据污染物的不同，我们把主流环保技术分为空气污染处理技术、水处理技术、固体废弃物处理技术和环境修复技术等，其中，环境修复技术包括土壤修复技术和流域治理技术等。

第一节　空气污染处理技术

空气污染处理技术主要包括工业脱硫技术、工业脱硝技术、工业除尘技术、VOCs 处理技术及车辆尾气处理技术。

1. 工业脱硫技术

20 世纪 50 年代，SO_2 排放控制技术就开始萌芽。脱硫过程按阶段分为燃烧前脱硫、燃烧中脱硫、燃烧后脱硫。一般洗煤、固硫等属于燃烧前脱硫，炉内喷钙等是燃烧中脱硫，而烟气脱硫（flue gas desulfurization，FGD）则归为燃烧后脱硫技术。其中，FGD 为当下主流被大规模商业化应用，FGD 能有效控制酸雨及二氧化硫造成的污染（图 3-1，图 3-2）。

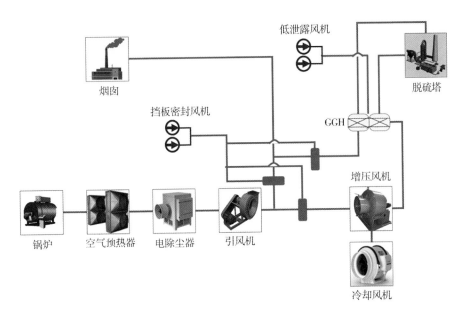

图 3-1　典型脱硫工艺

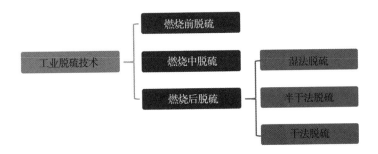

图 3-2　工业脱硫技术分类

①燃烧前脱硫。燃烧前脱硫是通过各种方法对煤进行净化，去除原煤中所含的硫份、灰分等杂质。选煤技术有物理法、化学法和微生物法 3 种，目前我国广泛采用的是物理选煤方法。在物理选煤技术中，应用最广泛的是淘汰选煤，然后是重介质选煤和浮选。

②燃烧中脱硫。在煤燃烧过程中加入石灰石或白云石粉作脱硫剂，$CaCO_3$、$MgCO_3$ 受热分解生成 CaO、MgO，与烟气中 SO_2 反应生成硫酸盐，随灰分排出。主要技术有：一是型煤固硫；二是循环流化床燃烧脱硫技术。

③燃烧后脱硫。按脱硫过程是否加水和脱硫产物的干湿形态，烟气脱硫可分为干法脱硫、半干法脱硫和湿法脱硫。干法脱硫、半干法脱硫的产物为干粉状，处理容易，工艺较简单，投资一般低于湿法脱硫，但钙硫比高，脱硫效率和脱硫剂的利用率低；湿法脱硫技术成熟，脱硫效率高，钙硫比低，运行可靠，操作简单，但脱硫产物的处理比较麻烦，烟温降低不利于扩散，湿法脱硫工艺较复杂，占地面积和投资比较大。

2. 工业脱硝技术

有关 NO_x 的控制方法有几十种之多，归纳起来，这些方法不外乎从燃料生命周期的 3 个阶段入手，即燃烧前、燃烧中和燃烧后。当前，燃烧前脱硝的研究很少，几乎所有的研究都集中在燃烧中和燃烧后的 NO_x 控制。所以，国际上把燃烧中 NO_x 的所有控制措施统称为一次措施，把燃烧后 NO_x 的控制措施称为二次措施，又称为烟气脱硝技术。

目前，普遍采用的燃烧中 NO_x 控制技术即为低氮燃烧技术，主要有低氮燃烧器、空气分级燃烧和燃料分级燃烧。由于低氮燃烧技术降低 NO_x 的排放一般在 50% 以下，因此，当 NO_x 的排放标准要求比较严格时，就要考虑采用燃烧后的烟气处理技术，即烟气脱硝技术来降低 NO_x 的排放量（图 3–3）。

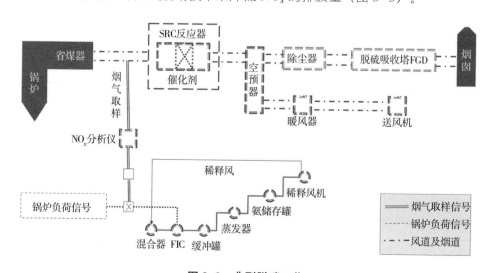

图 3–3 典型脱硝工艺

应用在燃煤电站锅炉上的成熟烟气脱硝技术主要有选择性催化还原技术（selective catalytic reduction，SCR），即 SCR 烟气脱硝技术；选择性非催化还原技术（selective non-catalytic reduction，SNCR），即 SNCR 烟气脱硝技术及 SNCR/SCR 混合烟气脱硝技术（图 3-4）。

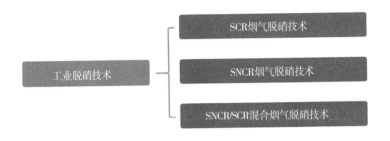

图 3-4　工业脱硝技术分类

（1）SCR 烟气脱硝技术

SCR 烟气脱硝技术是向催化剂上游的烟气中喷入 NH_3、利用催化剂将烟气中的 NO_x 转化为 NH_2 和水。在通常的设计中，使用液态无水氨或尿素，首先使液氨蒸发、尿素热解或尿素水解为氨，其次氨和稀释空气或烟气混合，最后利用喷氨格栅将其喷入 SCR 反应器上游的烟气中。在 SCR 反应器内，NO 通过以下反应被还原：

$$4NO + 4NH_3 + O_2 \rightarrow 4N_2 + 6H_2O,$$
$$6NO + 4NH_3 \rightarrow 5N_2 + 6H_2O.$$

（2）SNCR 烟气脱硝技术

SNCR 烟气脱硝技术是利用机械式喷枪将氨基还原剂（如 NH_3、氨水、尿素）溶液雾化成液滴喷入炉膛，热解生成气态 NH_3，在 $950 \sim 1050℃$ 温度区域（通常为锅炉对流换热区）和没有催化剂的条件下，NH_3 与 NO_x 进行选择性非催化还原反应，将 NO_x 还原成 N_2 与 H_2O。喷入炉膛的气态 NH_3 同时参与还原和氧化两个竞争反应：温度超过 $1050℃$ 时，NH_3 被氧化成 NO_x，氧化反应起主导；温度低于 $1050℃$ 时，NH_3 与 NO_x 的还原反应为主，但反应速率降低。

相对于SCR而言,SNCR脱硝效率有限,脱硝效率一般为25%～50%。但是,由于它的低投资和低运行成本,适合小容量锅炉的使用;也可以作为低氮燃烧技术的补充处理手段。

(3) SNCR/SCR混合烟气脱硝技术

SNCR/SCR混合烟气脱硝技术是把SNCR工艺的还原剂喷入炉膛,同SCR工艺利用逃逸氨进行催化反应的技术结合起来,进一步脱除NO_x。它是把SNCR工艺的低费用特点同SCR工艺的高效率及低氨逃逸率进行有效结合。该联合工艺于20世纪70年代首次在日本的一座燃油装置上进行试验,试验表明了该技术的可行性。SNCR/SCR混合烟气脱硝技术适用于NO_x排放量要求较低的地区,它比单独的SNCR脱硝效率高。

3. 工业除尘技术

我国是煤炭消费大国,每年消耗原煤约 21.5 亿吨,约70%被燃煤电厂使用。我国能源结构决定了以煤炭为主的火力发电格局。煤炭燃烧会产生大量的粉尘颗粒,其中细微粉尘 PM2.5 会引起心肺呼吸道疾病,同时也会引起雾霾天气,导致大气能见度下降。

随着各类环保文件的出台,燃煤锅炉除尘领域面临着前所未有的压力和挑战,仅靠对现有除尘器的常规改造,很难满足新的烟尘排放标准。特别是对PM2.5的排放控制,成为燃煤电厂亟待解决的难题(图3-5)。

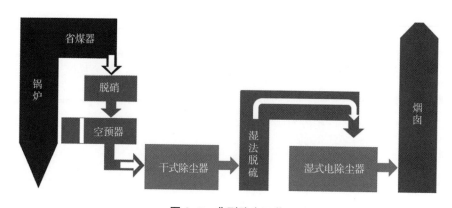

图 3-5 典型除尘工艺

工业除尘技术主要有静电除尘技术、袋式除尘技术、电袋复合除尘技术、湿式电除尘技术（图3-6）。

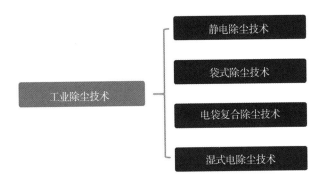

图3-6 工业除尘技术分类

（1）静电除尘技术

静电除尘器（ESP）的主要工作原理是在电晕极和收尘极之间通上高压直流电，所产生的强电场使气体电离、粉尘荷电，带有正、负离子的粉尘颗粒分别向电晕极和收尘极运动而沉积在极板上，使积灰通过振打装置落进灰斗。静电除尘器基于荷电收尘机制，对飞灰性质十分敏感，对高比电阻粉尘、细微烟尘捕集困难，运行工况变化对除尘效率也有较大影响。另外，其不能捕集有害气体，对制造、安装和操作水平要求较高。

（2）袋式除尘技术

袋式除尘器的主要工作原理包含过滤和清灰两部分。过滤是含尘气体中粉尘的惯性碰撞、重力沉降、扩散、拦截和静电效应等的作用结果，是利用滤料进行表面过滤和内部深层过滤。清灰是指当滤袋表面的粉尘积聚达到阻力设定值时，清灰机构将清除滤袋表面烟尘，使除尘器能够连续工作。

袋式除尘器最大的缺点首先是受滤袋材料的限制，在高温、高湿度、高腐蚀性气体环境中，除尘适应性较差。其次是运行阻力较大，平均运行阻力在1500Pa左右，有的袋式除尘器运行不久阻力便超过2500Pa。另外，滤袋易破损、易脱落，旧袋难以有效回收利用。

现阶段，袋式除尘器在国外应用较为普遍，尤其是在一些对粉尘排放标准较为严苛的地区，则更是普遍。在我国，袋式除尘器主要应用于水泥行业与钢铁行业，在火电厂中应用较少。近年来，随着我国环保标准的提高及人们对环保的重视程度不断增强，该装置在电厂中也得到全面的推广和应用。

（3）电袋复合除尘技术

电袋复合式除尘器的工作原理是，先将含尘烟的气体导入设备，在电场作用下，绝大部分烟尘被收集，剩余的少部分细烟尘再被滤袋收集。其弥补了前两种方式各自的不足，兼具两种传统除尘技术的优点。该方法还极大提高了工作效率，兼具经济性及可靠性，因此一般认为电袋复合除尘技术是将来的发展趋势。但其也有明显的缺点。例如，设备主要有效成分是 O_3，O_3 腐蚀性强且运行阻力高。此外，设备投资大、关键部件滤袋寿命短且换袋成本高等问题，也都亟待解决。

（4）湿式电除尘技术

由于种种实际因素，上述 3 种除尘器很难满足烟气出口排尘量低于 $10\ mg/m^3$ 的新标准，沿海地区甚至提出烟气出口排尘量低于 $5\ mg/m^3$ 的要求。对于如此严格的标准，常规电厂粉尘脱除设施已无法满足要求，国内外学者对除尘新技术进行了大量的理论研究和实验论证，湿式电除尘技术作为烟气深度净化处理的主要技术应运而生。

湿式电除尘器工作原理与常规干式电除尘器工作原理相似。其原理都是向电场空间输送直流负高压，通过空间气体电离，烟气中粉尘颗粒和雾滴颗粒荷电后在电场力的作用下，收集在收尘极表面。其区别在于工作的烟气环境不同，干式电除尘器工作烟气环境是锅炉排烟温度状态的烟气，利用机械的振打来清灰，将收集到的粉尘去除；而湿式电除尘器工作烟气环境是脱硫后的湿烟气，通过烟气与水接触使飞灰沉降，利用在收尘极表面形成的连续不断的水膜将粉尘冲洗去除。

湿式电除尘器系统目前工艺已经成熟，在国内外已有广泛应用。近年来，随着国内环保要求的日益提高，越来越多的电厂开始采用湿式电除尘工艺，以应对严格的污染物排放标准。湿式电除尘器除了可以捕集粉尘外，对于气溶胶、汞、SO_3、重金属等也有一定的收集效果。因此，为应对日益严峻的环保要求，湿式电除尘技术将会在火力发电厂有较大的应用前景。

4. VOCs 处理技术

挥发性有机化合物（volatile organic compounds，VOCs）是指常温下饱和蒸汽压大于 133.32 Pa、常压下沸点在 50 ~ 260℃的有机化合物，或在常温常压下能挥发的有机固体或液体。作为大气污染控制热点，VOCs 的处理正越来越受到重视。其是制药、石化工业的常见排放物，内含硫化氢、氨、硝基化合物、有机卤族及衍生物等有毒有机物，其中甚至包含氯乙烯、苯、多环芳烃等致癌物，且大多属于易燃易爆品，严重威胁着生产生活的安全；另外，VOCs 是导致人们关注的"灰霾"天气的元凶，是光化学污染的重要污染源。

目前，VOCs 的处理大致有两大类别，一是前端控制技术，二是末端处理技术。目前，中国仍以末端治理为主。VOCs 末端处理技术大致可分为 3 类：第一类是破坏法处理技术，如焚烧技术、催化燃烧技术等；第二类是非破坏法处理技术，如吸收技术、吸附技术、生物技术等；第三类是组合处理技术（图 3-7）。

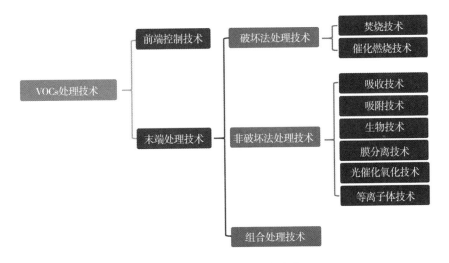

图 3-7 VOCs 处理技术分类

（1）破坏法处理技术

破坏法处理技术包括焚烧技术和催化燃烧技术两类。

其中，焚烧技术是将 VOCs 直接送至焚烧锅炉中，当接入锅炉中的 VOCs 浓度较高时，即可在炉内充分燃烧，然后生成 CO_2 和 H_2O；当接入锅炉中的 VOCs 浓度较低时，则需加入辅助燃料，使 VOCs 充分燃烧，最终生成 CO_2 和 H_2O。这种方法成本低，运用范围广，技术路线也比较成熟。

目前，焚烧技术的主要形式有火炬系统、焚烧炉及两种系统的综合系统。其中，火炬系统是用来处理石油化工厂、炼油厂、煤化工及其他装置无法回收和再加工的低氧有机气体的特殊燃烧设施。火炬废气处理技术已大规模应用于国内外各大项目中。对于处理 VOCs 及有机物浓度低的不含氧装置废气，一般用焚烧炉进行。

催化燃烧技术是在废气燃烧的时候加入某种催化剂，降低 VOCs 的燃点，使 VOCs 能够充分燃烧，最终生成 CO_2 和 H_2O，实现直排。目前，常用的催化剂种类有贵金属（如 Pt、Pd）与非贵金属（如 Ti、Fe、Cu 等）两类。

（2）非破坏法处理技术

非破坏法处理技术包括吸收技术、吸附技术、生物技术、膜分离技术、光催化氧化技术和等离子体技术 6 类。

吸收技术。吸收技术是让吸收剂（如水、溶液、溶剂）和废气充分接触，对废气中的有害物质进行吸收，然后将吸收剂进一步处理，再循环使用。喷淋装置就是对有机废气进行处理的装置。吸收剂可分为物理吸收剂和化学吸收剂两种，物理吸收剂具有相似相容的特性。企业常用水吸收易溶于水的污染气体，如醇、丙酮、甲醚等；化学吸收技术主要利用有机废气与吸收剂发生化学反应，达到吸收废气的目的。例如，化工行业可以采用液体石油、表面活性剂和水的混合试剂来处理废气，这种方法可以对 HS、NO_x、SO_2 等废气进行快速处理。

吸收技术有直接回收、压缩冷凝回收、浓缩冷凝回收等，根据不同的废气种类选择不同的处理工艺。目前，直接回收和压缩冷凝回收在国内技术成熟，而浓缩冷凝设备几乎全部为进口设备。

吸附技术。吸附技术是利用具有微孔结构的吸附剂，将挥发性有害气体的有毒物质吸附在吸附剂表面，使有机物从主体分离。吸附技术又分为化学吸附和物理吸附两种。化学吸附剂多用于治理水相污染物，因接触时间问题，在现实中使用该方法治理有机废气非常少。而物理吸附材料在处理有机废气方面则更有效，如活性炭和沸石等较常用，特别是改良后的纤维吸附材料比颗粒状和蜂窝状的吸附材料吸收速率更高，效果更好。目前，吸附技术常用于较低浓度废气的净化。

生物技术。生物降解技术最早应用于脱臭，近年来逐渐发展成为 VOCs 的新型污染控制技术。该技术是通过生物过滤法处理 VOCs，主要处理工业生产、市政污水、污泥处理等。它可处理较低浓度的 VOCs，通过核心生物滤床的处理作用，VOCs 通过生物滤床中的生物膜填料被反应，具体是指 VOCs 在滤床里被生物膜上的生物经过吸附作用反应生成 CO_2 和 H_2O，最后实现放空。

生物技术是 VOCs 处理技术领域关注的重点。生物技术最大的优点是利用菌群对有机物进行分解，厌氧菌和好氧菌都可以对有机废气进行降解，降低废气对环境的污染。当前，生物技术的主要方式和设备包括有生物滤池、生物滴滤塔、生物洗涤器等，这种方式目前可以处理简单的废气。其具有绿色环保优势，应用潜力巨大。

膜分离技术。膜分离技术主要是根据不同气体的动力学性质不一致，使用天然膜或者一些人工合成的膜材料，从而对挥发性有机物进行分离。使用中需在进料侧施加压力，形成稳定压力差，得到使其渗透的足够动力。该膜类似于半透膜，过滤后产物纯度较高，应用范围广。缺点是膜容易发生堵塞，运营成本高。

光催化氧化技术。光催化氧化技术主要是利用 TiO_2（二氧化钛）、ZnO（氧化锌）、ZnS（硫化锌）、CdS（硫化镉）、Fe_2O_3（三氧化二铁）和 SnO_2（二氧化锡）等催化剂的光催化性，氧化吸附在催化剂表面的 VOCs，利用特定波长的光（通常为紫外光）照射光催化剂，激发出高能活性粒子，并与 H_2O、O_2 发生化学反应，生成具有极强氧化能力的自由基活性物质，将吸附在催化剂表面上的有机物氧化为 CO_2 和 H_2O 等无毒无害的物质。

光催化氧化技术具有选择性高、反应条件温和（常温常压）、催化剂无毒且可循环再生、操作简便、无二次污染、对大部分 VOCs 均具有净化能力等优点，但同时也存在反应速率慢、光电转化效率低、催化剂易失活等缺点。

近年来，已有不少针对光催化氧化技术以上缺点的解决方案，如对 TiO_2 进行掺杂、贵金属表面沉积、半导体复合、表面光敏化或超强酸化及微波制备等，以提高 TiO_2 的光催化量子效率或可见光的利用率；采用溶胶－凝胶法、金属有机化学气相沉积法、阴极电沉积法等多种方法，并通过改变干燥、焙烧等条件以制备既牢固又具有优良光催化活性的 Ti-O 膜；将微波场、热催化、等离子体等技术与光催化耦合，应用于有机污染物的气相光催化降解，以提高光催化过程的效率等。

等离子体技术。等离子体技术是一种通过外加电场的作用，使介质放电产生大量的高能电子，高能电子和挥发性有机物的分子经过一系列复杂的等离子物理反应和化学反应，进而将有机污染物降解为无毒无害的物质的方法。这一技术最大的特点就是可以高效、便捷地对多种污染物进行破坏分解，使用的设备简单、占地空间小，并且适用于多种工作环境。等离子体放电技术主要包括介质阻挡放电法、电子束照射法、电晕放电法等。用于处理 VOCs 的主要技术是电晕放电法，其降解原理如下：在废气周围施加强电场，电极空间中的电子获得能量并开始加速。运动过程中的电子与气体分子相互碰撞，使气体分子被激发、电离或吸附电子成为高活性粒子，这些活性粒子可将 VOCs 降解、氧化成 CO_2、H_2O 等无毒无害的物质。

虽然等离子体技术处理 VOCs 的效率高，特别是对芳烃的去除效率极高，但它的能耗较高，而且其去除效率受实验条件限制较大，尤其受电极电压、反应器结构、气体浓度、气体流量等影响较大。

（3）组合处理技术

由于VOCs废气成分及性质的复杂性和单一治理技术的局限性，在大多数情况下，采用单一技术往往难以达到治理要求，而且也是不经济的。在实际应用中，企业大多采用多种组合技术来治理VOCs。如吸附浓缩技术＋催化燃烧技术、吸附浓缩技术＋高温焚烧技术、吸附浓缩技术＋吸收技术、低温等离子体技术＋吸收技术、低温等离子体技术＋光催化技术等。目前，大多数行业都是采用两种或两种以上的组合技术，最终达到最佳治理效果，同时可以降低净化设备的运行费用。

5. 车辆尾气处理技术

汽车作为现代化交通的主要工具，给人们的日常生活带来了极大便利，同时，汽车尾气排放的污染物，对大气环境造成了严重污染。调查报告显示，汽车排放的尾气占空气污染源总量的50%以上，而且汽车尾气排放的污染物中CO占城市空气中CO的90%以上、碳氢化合物占总量的60%以上、氮氧化物占总量的30%以上。这些含有高污染物的气体使人类的生存环境受到极大威胁。而且微生物的传播、有毒化学污染物的渗入、大气的光化学反应及温室效应等都与尾气污染有关。因此，控制及治理汽车尾气排放污染，已经成为目前亟待解决的大问题。

主流的汽车尾气处理技术包括如下几种（图3-8）。

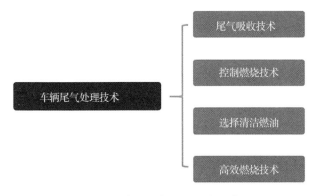

图3-8　车辆尾气处理技术分类

①尾气吸收技术。为了减少有害气体的排放，采用三元催化转化技术，即当高温的汽车尾气通过三元催化净化器时，可将汽车尾气排出的 CO、碳氢化合物和氮氧化物等有害气体通过化学作用转变为无害的 CO_2、H_2O 和 N_2，从而使汽车尾气得以净化。

②控制燃烧技术。根据汽车发动机有害污染物的形成机制，通过改进发动机燃烧室结构，对发动机的燃烧过程进行优化，以达到降低排放的目的；或者通过改进点火和进气系统，采用电控汽油喷射、电控点火和废气再循环技术等，达到控制燃烧，减少或抑制污染物生成的目的。

③选择清洁燃油。

方法一，使用绿色燃油或者改进燃油品质，使油品燃烧时不产生对人体和环境有害的物质，或有害物质十分微量。通过在汽油中添加石墨和二硫化钼等添加剂，不但可以提高气缸的密封性能，促进燃油充分燃烧，而且还可以节约汽车燃油，进而降低 CO、碳氢化合物和氮氧化物的排放量，减少对大气环境的污染。

方法二，使用压缩天然气（CNG）或液化石油气燃料。CNG 燃料的优点之一是热效率高和清洁无污染。由于天然气在气缸内可以同空气均匀混合，燃料完全燃烧，所以发动机的热效率高。天然气中的辛烷值高达 107 以上，抗爆性能非常好，能提高发动机的热效率，使发动机运转更平稳。而且天然气燃烧过程中不产生焦油，无积碳，且燃烧后的产物呈气态，无污染物排放，润滑油不会被稀释。

方法三，使用生物柴油。它是由天然的油脂和甲醇（或乙醇）经过化学方法加工合成的，是一种可再生的能源，对环境无污染，可以直接在柴油机上使用，或者与柴油以任意比例混合使用。使用生物柴油不但能减少 NO、碳氢化合物和碳氧化物的排放，减少空气污染，而且还是清洁的可再生能源。生产和使用生物柴油可以减少石油的开采和供给，对发展我国经济具有积极作用，满足可持续发展的要求。

④高效燃烧技术。为促进汽油和柴油的高效燃烧，可以按比例添加适量的燃油催化剂。一般车用燃油中都含有微量的水，而添加适量的燃油催化剂可以把这些水充分细化和分散，形成数以万计的小油包（里面是水），然后在高温作用下，小油包在密封性非常好的燃烧室内迅速膨胀汽化发生"微爆"现象，即二次雾化现象，从而使燃气混合更加均匀，汽油燃烧更加充分完全，达到节约油耗、清除积碳、减少尾气排放的目的（图3-9）。

图3-9　空气污染处理技术汇总

第二节　水处理技术

近年来，我国工业经济迅速发展，工厂规模越来越大、种类越来越多。很多工厂在追求经济效益时，忽视了工业废水对于环境的影响，处理废水设备落后，处理过程不符合标准，出水口随意排放，对环境造成极大危害，影响人们的正常生活秩序，破坏生活环境质量。随着水资源污染及城市环境破坏问题日渐加剧，工业废水治理刻不容缓。

同时，随着我国城市化进程的加快，城市污水处理的规模越来越大。城市污水处理是指为改变污水性质，使其对环境水域不产生危害而采取的措施。城市污水处理一般分为三级：一级处理，是应用物理处理法去除污水中不溶解的污染物和寄生虫卵；二级处理，是应用生物处理法将污水中各种复杂的有机物氧化降解为简单的物质；三级处理，是应用化学沉淀法、生物化学法、物理化学法等，去除污水中的磷、氮、难降解的有机物、无机盐等。

工业水处理和城市污水处理技术在很多方面是相同共用的，主要的处理方法包括：物理处理技术、化学处理技术、生物处理技术等。在实际水处理工艺中，往往是几种处理方法的组合。

1. 物理处理技术

工业废水使用物理技术进行处理，主要是为了保证工业废水所具有的化学性质不会发生变化。可以对工业废水使用分离或者过滤的方式进行处理，将其中一些不溶解及悬浮的物质进行处理，实现废水的有机处理。在实际生产中，使用较多的物理处理技术是吸附法、过滤法、截流法、离心分离法、重力分离法、蒸发法等，利用物理处理技术对工业废水进行处理，各项操作步骤比较简单，但是这种处理方法存在较大的局限性，不能将工业废水溶解部分的污染物全部处理。

2. 化学处理技术

化学处理技术是指利用污水水质的化学特性进行污染物分离的方法。此技术通过向工业废水中添加化学反应剂，使其与废水中的污染物发生化学反应，进而去掉污染物。其中，混凝法、氧化还原法、酸碱中和法和树脂分离剂是常用方法。混凝法是工业废水初期处理和净化的常用方法，通过添加混凝剂形成一定粒径的大颗粒并与工业废水分离。此法处理污染效率高，但容易造成二次污染。氧化还原法是近年来新兴的工业废水处理方法，主要用于深度处理，其中超声氧化、光催化氧化等使用效果较好。随着出水水质指标越来越严苛，普通生化法无法达到出水指标，此法被逐渐应用。酸碱中和法是一种化学前处理，通过调节工业废水的 pH 值，使工业废水保持中性。大多数工业废水的 pH 值呈强酸性，高酸的废水对人体和生态环境造成严重危害。因此，使用中和作用将碱性物质添加到工业废水中可以降低污染风险。

3. 生物处理技术

生物处理技术主要是利用微生物的新陈代谢功能，对工业废水中含有的有机物进行转化，使废水中的有机物不再具有毒性和污染性，进而达到净化污染物的目的。自然界中有很多的生物种类，并且这些生物数量巨大，具有较强的繁殖能力，它们存在的范围也比较大，所以在一些重污染产业的废水治理中应用生物处理技术。

生物处理技术具有能耗低、处理成本低，无须人工直接参与，不会造成二次污染等明显优势，但由于是依赖微生物的生命活动过程来充分分解废水，故对工业废水的环境要求较高。目前，工业废水常用活性污泥法、氧化沟、生物膜法等（图 3-10）。

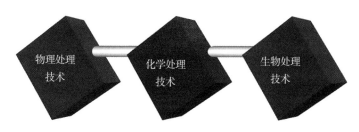

图 3-10　水污染处理技术汇总

第三节　固体废弃物处理技术

1. 垃圾发电技术

随着世界城市化进程越来越快，垃圾泛滥已成为城市的一大灾难。世界各国都已经行动起来，不再将大量的垃圾视为洪水猛兽，处理的方式也不仅限于掩埋和销毁。现在，通过科学合理的综合利用，垃圾也实现了变废为宝。

我国人口众多，每天产生大量的生活垃圾和工业垃圾，存在极大的潜在效益。据估算，全国城市每年因垃圾造成的损失近 300 亿元（运输费、处理费等），而将其综合利用却能创造 2500 亿元的效益。为了做好垃圾综合应用技术的应用和推广，全国已经开始逐步推行垃圾分类管理办法，其中，上海市于 2019 年开始实施《上海市生活垃圾管理条例》，要求所有居民和企事业单位遵守有关垃圾分类的管理规定，并且加大了监管和处罚力度，让所有居民逐渐养成垃圾分类的习惯。

垃圾综合利用最为重要的技术就是垃圾发电。垃圾发电技术首先就是把各种垃圾收集后，进行分类处理。

2. 固废处理技术

固废处理技术包括物理处理技术、化学处理技术、生物处理技术、焚烧处理技术、热解处理和固化处理技术等，下面就几项主要技术进行介绍。

①物理处理技术。物理处理技术很容易理解，就是通过浓缩等方式改变固废的物理结构，经常采用的方法包括压实、破碎、分选、增稠、干燥和蒸发等，一般是作为下一步的预处理技术。

②化学处理技术。化学处理技术是常用的固废处理技术，主要是采用化学方法破坏固废中的有害成分，从而实现固废的无害化，或将固废转变成为适于进一步处理、处置的形态。针对不同的固废会采用不同的化学处理技术，化学处理方法主要包括氧化、还原、中和、化学沉淀、固化等。经过化学技术处理后的固废，往往最后还会残留一小部分有害成分，有必要进行进一步的处理。

③生物处理技术。固废的生物处理技术与水体的生物处理技术在原理上是类似的，也是利用微生物分解固废中可降解的有机物，从而达到无害或综合利用。固废经过生物处理，在容积、形态、组成等方面均发生重大变化，因而便于运输、贮存、利用和处置。生物处理方法包括好氧处理、厌氧处理和兼性厌氧处理。与化学处理方法相比，生物处理在经济上一般比较便宜，应用也相当普遍，但往往处理过程所需时间较长。

④焚烧处理技术。焚烧处理技术是利用燃烧反应使固废中的可燃性物质发生氧化反应，达到减容并利用其热能的目的。垃圾发电技术是焚烧处理的最主要方式，焚烧处理技术要对产生的烟气进行处理，否则会从固废污染转化为空气污染。

⑤热解处理和固化处理技术。热解处理就是将固废中的有机物在高温下裂

解获取轻质燃料，如废塑、废橡胶的热解。固化处理技术就是将采用各种技术
处理后残留的最后部分采用进一步固化的方式。如果属于一般固废，经过固化
后可作为建材等继续使用；如果属于危险固废，则需要进行密封、包装和覆盖，
运输到专门的符合要求的地点进行封存处置，避免二次污染（图 3-11）。

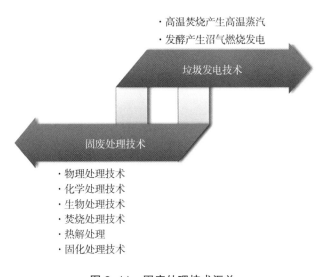

图 3-11　固废处理技术汇总

第四节　环境修复技术

1. 土壤修复技术

Adriano（1997）将修复技术分为物理修复技术、化学修复技术及微生物和
植物修复技术。

①物理修复技术。物理修复技术是指：通过各种物理办法对土壤污染物进
行处理，主要包括蒸汽浸提、物理分离、热力学修复、热解吸修复等办法。通
过各种物理修复技术，可以在很大限度上降低土壤中的重金属、VOCs、有机物

等污染物，从而达到修复的效果。

②化学修复技术。化学修复技术是利用化学方法，分离、破坏和改变土壤污染物或污染介质的化学属性的方法。各种化学修复技术可以在很大限度上降低土壤中的重金属、苯系物、石油、卤代烃、多氯联苯等污染物，从而实现修复效果。化学修复技术存在成立成本较高的不足。

③微生物和植物修复技术。微生物修复技术指利用微生物的代谢过程将土壤中的污染物转化为 CO_2、H_2O、脂肪酸和生物体等无毒物质的修复过程。植物修复技术是利用植物自身对污染物的吸收、固定、转化和积累功能，以及通过为根际微生物提供有利于修复进行的环境条件而促进污染物的微生物降解和无害化过程，从而实现对污染土壤的修复。微生物修复和植物修复均具有处理费用较低、可达到较高的清洁水平等优点，但均存在所需修复时间较长、受污染物类型限制等不足。随着生物技术和基因技术的飞速发展，未来基因技术、酶技术、细胞技术、催化技术、纳米材料等将应用到土壤生物修复技术，这将大大提高土壤治理效率，具有应用前景。

2. 流域治理技术

流域治理技术和日常水处理技术、土壤修复技术有类似之处，也有很多不同。流域治理技术主要分为物理技术、化学技术和生物－生态技术 3 类。

①物理技术。物理技术的主要方法和原理有以下几个方面。

第一，当因河流中蓝藻泛滥等原因造成含氧量过低，水中生物死亡时，通过机械除藻、向河流中补充氧气等方式来改善水质。

第二，河床上由于长时间的沉淀堆积，形成大量淤泥，淤泥中可能含有重金属等各种污染物。这时可通过机械疏通、挖掘等方式清理河床上的淤泥，淤泥清除后还可以应用覆盖和种植技术覆盖河床，这样即可减少水体和淤泥中的污染物进一步污染地下水，又可减少淤泥的产生。

第三，通过大规模的水利工程来改善局部河流的水质，本质上并没有减少流域的污染物，只是通过更多水体的注入达到稀释的效果。

物理技术通常采用机械除藻、曝气技术、河流疏浚、原位覆盖、调水技术等各种方法。

②化学技术。化学技术主要是通过投放化学药剂来达到去除污染物的方法，但化学药剂在去除水体污染物的同时，容易形成二次化学污染，对水体生物种群造成其他化学污染，因而化学药剂的类型和使用剂量、应用场合都十分重要。常见的化学技术包括絮凝沉淀、化学除藻等。

③生物－生态技术。生物－生态技术是在流域治理领域应用越来越广的新技术，主要原理是通过培育、接种和合成水中植物、水中微生物进行繁殖和扩散，然后对水体中的污染物进行降解和转化，从而达到净化和改善水体的作用。生物－生态技术的优势是可以不受流域的限制、不会形成二次污染、造价一般较低、净化和改善效果较好、容易多次重复实施等。常见的生物－生态技术有水生植物技术、生物膜技术、微生物技术、人工浮岛技术、人工湿地技术等（图3–12）。

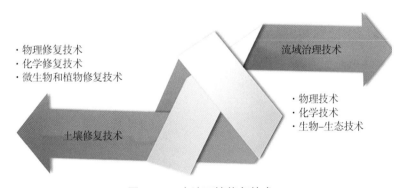

· 物理修复技术
· 化学修复技术
· 微生物和植物修复技术

流域治理技术

· 物理技术
· 化学技术
· 生物-生态技术

土壤修复技术

图 3–12 主流环境修复技术

第二篇

人工智能简史

人工智能（artificial intelligence，AI）最开始是计算机学科的一个分支，是研究、开发用于模拟、延伸和扩展人的智能的理论、方法、技术及应用系统的一门新的技术科学。随着计算机软硬件技术的飞速发展，人工智能发展为目前全世界范围最热门的学科和应用技术，被广泛应用于几乎所有的工业、服务业、金融业和终端消费等领域。近年来，与人工智能相关的大数据、云存储和云计算、超级计算机、神经网络、深度学习等关键技术的突破，使人工智能无孔不入地应用到各个领域，受到越来越广泛的关注。目前，人工智能除了计算学科之外，还涉及仿生学、心理学、数学、概率统计学、语言学、医学、伦理学、哲学等各种学科，因而人工智能被公认为是21世纪三大尖端技术（基因工程、纳米科技、人工智能）之一。

第四章 ◉ ◉ ‥

人工智能的发展

关于人工智能，目前尚没有统一、确定且被大部分人认可的定义。我们认为人工智能的核心是"人工（artifical）"，而人工智能和其他智能的区别也在于"人工"，因此人工智能必须具备人类（包括部分灵长类动物）才特有的智能，如深度学习、自我优化、自我学习、创造性思考等特征（图4-1）。

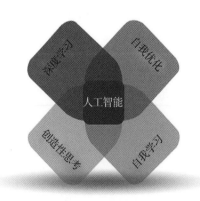

图 4-1　人工智能应具备的特征

未来的人工智能有别于早期的自动控制、早期机器人、简单图形文字识别和一般逻辑运算。在未来人类将面对复杂的数据、图形、图像、语音等信息，除了做出常规的逻辑判断之外，人工智能还可以给出逻辑之外的解决方案，也就是经"自我学习""自主思考"后真正的解决方案。人工智能未来一定还包括类似人脑智能的更高层次应用，甚至其深入思考的程度达到科幻电影中诸如"我来自哪里""我为什么存在"这种目前尚存争议的哲学和伦理问题。

当今社会，人类生产越来越离不开人工智能的深入参与，我们可以推测，在不久的将来，人工智能将发展到与人类智力相当的水平，甚至在许多领域还让人类智慧望其项背。届时，人类将不得不面临技术之外的伦理、道德等深层次的思考。也许有一天，真的需要在普遍具有"自我思考"能力的智能机器上，永久性设置"永远不能伤害人类"及"自我毁灭装置"。

总之，人工智能是人类科技加速发展的集中体现，而人类也永远要认清自身的缺点，永远认识到物极必反这一哲理。只有这样，才能让人工智能在人类的伦理、道德、法律、普世价值观等的约束下，更好地为人类服务。

朱松纯教授提出的 UCLA 分类得到广泛推广，UCLA 将 AI 技术分为机器学习、计算机视觉、自然语言处理、机器人学、认知与推理、博弈与伦理等6类（图4-2）。日常所见的基于统计的建模、分析、计算等属于机器学习的范畴；用于邮件垃圾分类的模式识别、图像处理属于计算机视觉范畴；语音识别、自动翻译、模拟对话等又是自然语言处理的研究对象；类似多代理人交互、机器人与社会融合、对抗与合作等一般是机器人学的研究范畴；把物理、社会常识加工，获取可复用的知识，用于机械、控制、设计、运动规划、任务规划，则是认知与推理的研究范畴（图4-2）。

图4-2　人工智能技术的分类

一般意义上，人们会认为人工智能是 2000 年之后尤其是近 10 年突然火起来的，这其实是一个很大的误解。就像任何事情的发展都不会突然凭空产生一样，人工智能从提出准确的概念到现在，不比我们听说计算机这个词要晚多少，（自1956 年人工智能概念在达特茅斯会议上被首次提及，到现在）已走过 60 多年的历程，期间经历过起起伏伏。随着大规模存储、超级运算速度、神经网络、云计算技术的不断提升，再没有人怀疑人工智能对未来社会各行各业的影响，世界上所有国家、所有行业都在积极主动地拥抱人工智能技术。我们接下来列举人工智能发展史上几个里程碑事件。

1.1950 年，图灵测试的诞生

人工智能诞生需要两个条件，计算机软硬件技术和图灵测试（Turing test）。图灵测试发展中的大事件自然也是人工智能发展史上的里程碑。

英国科学家图灵一直坚信机器有思维，具有人类智能，他进行了一项有名的试验：他将一名人类测试者在不接触被测试者的情况下，通过特殊方式和对方进行一系列问答，经过一段时间的多次测试，如果测试者对作答方是人还是机器经常误判，以至于无法知道回答自己问题的是人还是机器，便称被测试机器"通过了图灵测试"。一般的，测试者的误判率超过 30%，机器就会被认为通过了图灵测试。图灵测试一词诞生于 1950 年，是英国数学家，逻辑学家，被誉为计算机科学之父的艾伦·麦席森·图灵在论文《计算机器与智能》中首次提出的。早在 1936 年，图灵在向伦敦权威的数学杂志投一篇题为"论数字计算在决断难题中的应用"的论文中，给"可计算性"下了严格的数学定义，提出了著名的"图灵机"（Turing machine）设想。"图灵机"并不是具体的机器，而是思想模型，可通过制造一种十分简单，运算能力又极强的计算装置，来计算所有能想象的可计算函数。1950 年 10 月，图灵在题为"机器能思考吗"的论文中预言了人类创造出具有真正智能的机器的可能性，论文还回答了对这一假说的各种质疑，图灵测试是人工智能在哲学方面的第一个严肃提案，正因为如此，这篇文章成了划时代之作，也为图灵先生赢得了"人工智能之父"的桂冠。

2.1956 年，人工智能概念诞生

可以毫不夸张地说，1956 年是人工智能的元年。这年夏天，在美国达特茅斯学院举行的一次重要会议上，以麦卡赛、明斯基、罗切斯特、申农等为代表的，当时最有远见卓识的一批年轻科学家，以研究和探讨机器模拟智能的一系列问题作为会议主题展开深入探讨。在这次研讨会上第一次正式提出人工智能（artificial intelligence，AI）一词，虽然当时到底哪位科学家提出这个概念已不得而知，但自此以后人工智能的说法就被沿用下来，直到现在。这次会议也理所应当地被公认为是人工智能正式诞生的元年。

3.1959 年，人工智能战胜跳棋大师

1959 年，计算机游戏的先驱亚瑟·塞缪尔，在 IBM 公司生产的被认为是"深蓝"前辈的第一台商用计算机 IBM 701 上编写出西洋跳棋的游戏程序，一举战胜了当时著名的西洋棋大师罗伯特尼赖。受到这一事件的鼓舞，当年达特茅斯会议的参与者赫伯特·西蒙（Herbert Simon）做出了更明确具体的预测：从人工智能概念提出后，10 年内计算机将战胜人类，成为国际象棋冠军。局限于当时计算机技术处于发展阶段初期，尚未摆脱笨重的外形，仅在某些特定领域被应用，西蒙的预言并未在预测的时间内实现。这次预测的失败，给人工智能的声誉造成了重大伤害。这让人类看到了人工智能巨大潜力的同时，也提出疑问并给予期待：什么时候人工智能将在围棋领域也战胜人类？

4.1972 年，第一个机器人诞生

1972 年，日本早稻田大学制造出第一代机器人产品。这个机器人有双手和双脚，还有摄像头和听觉系统，虽然这个机器人能搬东西还能移动双脚，但每走一步却要 45 秒，而且只能走 10 厘米，相当笨重和缓慢。就像以往一样，技术突破就像刚出生的婴儿，让人感觉什么事情都做不了，但是当时的科学家们却已经十分激动地预见到未来人工智能有广阔的前景。之后不久，第一台工业机器人就被用到通用汽车的生产线上。

5.20 世纪 90 年代，寒冬季

20 世纪 90 年代，日本第五代机器人研发失败，神经网络迟迟未见突破，人工智能进入第二次寒冬季。与之相反的是，计算机硬件技术正遵循着著名的"摩尔定律"高速增长着，计算机的操作系统和各种应用软件更是欣欣向荣。计算机硬件技术、操作系统、应用软件的高速发展，为寒冬中的人工智能孕育出再次高速发展的良机。

6.1997 年，人工智能战胜国际围棋手

1997 年，是人工智能发展史上又一个值得铭记的时间。这一年，IBM 生产的"深蓝"计算机以"二胜一负三平"的好成绩，击败了国际围棋手卡斯帕罗夫。

7. 21 世纪，人工智能遇到第四次工业革命

把 21 世纪说成是人工智能的世纪也毫不为过，人工智能被称为第四次工业革命，我们可以看到它在各领域的强势表现（图 4-3）。

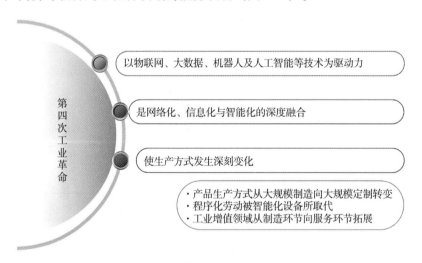

以物联网、大数据、机器人及人工智能等技术为驱动力

是网络化、信息化与智能化的深度融合

使生产方式发生深刻变化

· 产品生产方式从大规模制造向大规模定制转变
· 程序化劳动被智能化设备所取代
· 工业增值领域从制造环节向服务环节拓展

图 4-3　第四次工业革命特征

2000 年，在机器人产业最为发达的日本，本田公司发布了"高级步行创新移动机器人"ASIMO（advanced step innovative mobility），它是经过多年技术升级改造后当年全世界最先进的机器人之一。

2012 年，ASIMO 就更能歌善舞了。它能走路跳跃、上下楼梯，就算足球运动和家政服务也难不倒它，ASIMO 甚至可以依据指令做出回应，它可以听懂人类的声音和识别很多手势，并具备了记忆力和辨识能力。

2016 年和 2017 年，美国的谷歌公司分别发起两场轰动世界的围棋人机大战。人工智能程序 AlphaGo 连续战胜围棋世界冠军，包括韩国的李世石和中国的柯洁等人。人类顶级围棋智慧的代表，纷纷败在计算机高速的计算能力和优秀人工智能算法之下。

2019 年，自动驾驶技术也突飞猛进。

美国谷歌公司旗下的 Waymo 和通用旗下的 Cruise 可谓全球知名，来自中国的自动驾驶企业也表现突出。Waymo 是谷歌公司的 GoogleX 部门研发的专攻复杂城市道路的无人驾驶汽车项目。经过 7 年的研究改进，Waymo 就积累了人类 300 年以来所有的驾驶体验；2015 年 10 月，Waymo 在世界范围内首次实现了完全自动自治；2016 年，其已完成高达 10 亿公里的模拟里程；2019 年，Waymo 更是可以以每小时 10 英里[①]的速度行驶，如今已经在多个城市完成了自动驾驶的相关测试。

中国百度公司的 Apollo 自动驾驶业务也取得了蓬勃发展。自动驾驶车辆在实测区域获得大量测试牌照，这为优化项目的实验场景提供了良好的基础；车联网业务部门开展了智能车联业务，智能汽车部门面向车企提供包括高速自动驾驶、自主泊车解决方案、高精度地图等各方面的整体方案；自动驾驶部门提供自动驾驶出租车、无人小巴等应用场景下的解决方案，该部门的 Robo Taxi 项目已于 2019 年 9 月起面向普通市民试运营，也已获得首批 T4 级别自动驾驶测试牌照，这意味着百度的自动驾驶车辆已具备在复杂城市道路进行自动驾驶的先进能力（图 4-4）。

---

① 1 英里 ≈ 1.61 千米

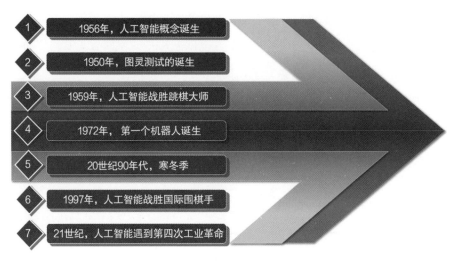

图 4-4　AI 发展史上的里程碑

第五章

人工智能技术和研究方法

大数据、超大存储、快速传输、云运算是人工智能在 21 世纪得以快速发展的四大根基，在此基础之上又衍生出多种新技术和新应用。

第一节　大数据

1. 大数据定义

"大数据（bigdata），指无法在一定时间范围内用常规软件工具进行捕捉、管理和处理的数据集合，是需要新处理模式才能具有更强的决策力、洞察发现力和流程优化能力的海量、高增长率和多样化的信息资产。"

——《6 个用好大数据的秘诀》，中国大数据网站

"大数据指不用随机分析法（抽样调查）这样的捷径，而采用所有数据进行分析处理。大数据的 5V 特点（IBM 提出）：volume（大量）、velocity（高速）、variety（多样）、value（低价值密度）、veracity（真实性）。大数据仍然离不开人的赋予。"

——维克托·迈尔·舍恩伯格及肯尼斯·库克耶，《大数据时代》

"'大数据'是需要新处理模式才能具有更强的决策力、洞察发现力和流程优化能力来适应海量、高增长率和多样化的信息资产。"

——"大数据"（Bigdata）研究机构 Gartner

"一种规模大到在获取、存储、管理、分析方面大大超出了传统数据库软件工具能力范围的数据集合，具有海量的数据规模、快速的数据流转、多样的数据类型和价值密度低四大特征。大数据时代要有大数据思维。"

——麦肯锡全球研究所，中国大数据网站

大数据的意义，不仅在于数据之"大"，更在于大数据的有效性。通过数据的专业转化、处理加工得到的有巨大价值的信息，能为重要决策提供决策依据，能在实践中验证决策的正确性，通过数据，尽力避免错误的、有害的、危险的程序和行为。大数据要实现上述功能，离不开海量存储器、数据库、超强算力、数字图形图像分析、影音分析转化、通信技术等一系列软硬件技术和设备的共同进步。

随着云计算时代的到来，大数据在全球各行业受到越来越多的关注。各行业的大数据成为人工智能发展的最为宝贵的资源，离开了大数据，人工智能就失去了意义，成为无水之源、无本之木。

2. 大数据特性

大数据具有"5V"特征（图5-1）。

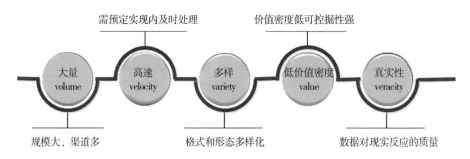

图 5-1 大数据的"5V"特征

大量（volume）：数据的大小在一定程度上决定了数据的价值和潜在信息量。大数据要求有足够大的数据容量才能进行数据统计、分析、对比、挖掘，数据容量的大小最终会影响算法和人工智能解决方案的精确性和准确度。数据容量不够，会导致解决方案遭遇难以处理的问题，让人工智能的优势大打折扣。

高速（velocity）：大数据获取的速度取决于企业日常经营活动的范围和流程，如将经营中供应商和客户等信息迅速转化为有效数据的能力。数据获取和转化的速度越快，越有利于通过大数据制定人工智能解决方案。大数据获取的速度往往成为影响人工智能方案的关键因素。

多样（variety）：数据的多样性、复杂性、多变性因人类经济活动的复杂性在急速增加，而数据变化的原因主要是由于主客观世界的改变。种类、复杂度不断增加导致对各种数据进行分类整理就尤为重要。不同种类的数据需制定不同的解决方案，采取不同的处理手段。数据的可变性会妨碍处理和有效地管理数据的整个过程，会对数据的分析处理造成严重的伤害，对数据处理提出更高的要求。大数据方案必须能对数据的变化有预警和备选方案，把数据可变性的消极影响降至最低，乃至消除。处理好可变性数据成为人工智能必须面对和解决的问题。

低价值密度（value）：目前，各行各业都已经认识到大数据特殊而巨大的价值。在信息化和数字化时代，大数据更具有不可替代的地位，人工智能领域的根本基础和核心就是数据。"得数据者得天下"不仅是一句简单的口号，任何政府、企业、个人对数据都给予极大的关注。数据成为管理、运营、决策的基础支撑。用尽可能低的成本获取有效的大数据，深入挖掘大数据的价值成为做好后续与人工智能有关的事情的前提。

真实性（veracity）：数据的真实性直接影响数据质量。现实中因各种原因会导致数据不真实或错误，包括数据产生的源头本身的错误、录入错误、显示错误、分类错误等。数据的真实性直接决定最终的解决方案，任何解决方案必须在源头上解决真实性问题，否则解决方案可能与期望相背离，达不到预计效果。

3. 大数据国家战略

世界各国都已经认识到大数据的价值，纷纷把大数据发展纳入国家战略的高度。我国自 2014 年在政府工作报告中首次提出"大数据"概念以来，大数据行业发展一直得到国家政策的大力支持，国家各部委纷纷出台大数据发展制度及指导意见、各省市争相抢夺大数据发展先机。以下是中国对大数据的政策支持和引导的部分汇总资料（表 5-1）。

表 5-1　大数据产业相关政策

文件名称	发文单位	出台时间	重点内容
《促进大数据发展行动纲要》	国务院	2015 年 8 月	重点支持大数据示范应用、大数据共享开放、基础设计统筹发展、数据要素流通，为中国大数据行业的发展指明道路
《十三五规划纲要》	发展改革委	2016 年 3 月	实施国家大数据战略，促进大数据发展行动，深化大数据在各行业的创新应用，加快完善大数据产业链
《大数据产业发展规划 2016—2020 年》	工业和信息化部	2016 年 12 月	推进大数据技术产品创新发展、提升大数据行业应用能力、繁荣大数据产业生态、健全大数据产业支撑体系、夯实完善大数据保障体系
《信息产业发展指南》	工业和信息化部、发展改革委	2017 年 1 月	①围绕产业链体系化部署创新链，针对创新链统筹配置资源链，着力在云计算与大数据、新一代信息网络、智能硬件等三大领域，提升体系化创新能力；②在集成电路、基础软件、大数据、云计算、物联网、工业互联网等战略性核心领域布局建设若干创新中心，开展关键共性技术研发和产业化示范；③依托优势骨干企业，建设和完善信息网络、云计算、大数据、物联网、工业互联网、智能终端、电子制造关键装备等一批重要产业链，以"硬件＋软件＋内容＋服务"为架构建设形成若干具有国际竞争力的产业生态

文件名称	发文单位	出台时间	重点内容
《国务院关于深化制造业与互联网融合发展的指导意见》	国务院	2016 年 5 月	到 2018 年年底，制造业重点行业骨干企业互联网"双创"平台普及率达到 80%，相比 2015 年年底，工业云企业用户翻一番，新产品研发周期缩短 12%，库存周转率提高 25%，能源利用率提高 5%
《国务院关于积极推进"互联网＋"行动的指导意见》	国务院	2015 年 7 月	大力发展智能制造。以智能工厂为发展方向，开展智能制造试点示范，加快推动云计算、物联网、智能工业机器人、增材制造等技术在生产过程中的应用，推进生产装备智能化升级、工艺流程改造和基础数据共享。着力在工控系统、智能感知元器件、工业云平台、操作系统和工业软件等核心环节取得突破，加强工业大数据的开发与利用，有效支撑制造业智能化转型，构建开放、共享、协作的智能制造产业生态
《软件和信息技术服务业产业发展规划（2016—2020 年）》	工业和信息化部	2016 年 12 月	①产业规模。到 2020 年，业务收入突破 8 万亿元，年均增长 13% 以上，占信息产业比重超过 30%，信息技术服务收入占业务收入比重达到 55%。信息安全产品收入达到 2000 亿元，年均增长 20% 以上。软件出口超过 680 亿美元。软件从业人员达 900 万人。②技术创新。以企业为主体的产业创新体系进一步完善，软件业务收入前百家企业研发投入持续加大，在重点领域形成创新引领能力和明显竞争优势。基础软件协同创新取得突破，形成若干具有竞争力的平台解决方案并实现规模应用。人工智能、虚拟现实、区块链等领域创新达到国际先进水平。云计算、大数据、移动互联网、物联网、信息安全等领域的创新发展向更高层次跃升。重点领域标准化取得显著进展，国际标准话语权进一步提升。

续表

文件名称	发文单位	出台时间	重点内容
《软件和信息技术服务业产业发展规划（2016—2020年）》	工业和信息化部	2016年12月	③融合支撑。与经济社会发展融合水平大幅提升。工业软件和系统解决方案的成熟度、可靠性、安全性全面提高，基本满足智能制造关键环节的系统集成应用、协同运行和综合服务需求。工业信息安全保障体系不断完善，安全保障能力明显提升。关键应用软件和行业解决方案在产业转型、民生服务、社会治理等方面的支撑服务能力全面提升。 ④企业培育。培育一批国际影响力大、竞争力强的龙头企业，软件和信息技术服务收入百亿级企业达20家以上，产生5~8家收入千亿级企业。扶持一批创新活跃、发展潜力大的中小企业，打造一批名品名牌。 ⑤产业集聚。中国软件名城、国家新型工业化产业示范基地（软件和信息服务）建设迈向更高水平，产业集聚和示范带动效应进一步扩大，产业收入超千亿元的城市达20个以上
《关于促进和规范医疗健康大数据应用发展的指导意见》	国务院	2016年6月	①夯实健康医疗大数据应用基础。 ②全面深化健康医疗大数据应用。 ③规范和推动"互联网＋健康医疗"服务。 ④加强健康医疗大数据保障体系建设
《农业农村大数据试点方案》	农业部	2016年6月	力争通过3年左右时间，到2019年年底，达到以下目标： ①数据共享取得突破。地方各级农业部门内部及涉农部门间的数据共享机制初步形成，省级农业数据中心建设取得显著进展，部省联动、数据共享取得突破。 ②单品种大数据建设取得突破。结合优势特色产业，建成若干单品种全产业链的大数据，并在引导市场预期和指导农业生产中充分发挥作用。 ③市场化投资、建设和运营机制取得突破。通过政府购买服务、政府与社会资本合作（PPP）等方式建设大数据取得实质性进展，形成一批项目成果，探索出有效路径和模式。

文件名称	发文单位	出台时间	重点内容
《农业农村大数据试点方案》	农业部	2016 年 6 月	④大数据应用取得突破。大数据在农业生产经营各环节加以应用，大数据关键共性技术研发、关联分析和挖掘利用取得积极进展，形成一批创新应用成果
《关于推进交通运输行业数据资源开放共享的实施意见》	交通运输部	2016 年 8 月	通过 3 ~ 5 年时间，实现以下目标： ①建立健全行业数据资源开放共享体制机制，基本建成协调联动、高效运转的行业数据资源管理体系； ②完善行业数据资源开放共享技术体系，建立互联互通的行业数据资源开放共享平台； ③围绕科学决策、精准治理、便捷服务等重点需求，开展一批跨部门、跨地区、跨领域协同应用的试点示范
《关于加快中国林业大数据发展的指导意见》	林业局	2016 年 7 月	建设林业大数据采集体系、应用体系、开放共享体系和技术体系四大体系；要充分利用大数据技术，建设生态大数据共享开放服务体系项目、京津冀一体化林业数据资源协同共享平台、"一带一路"林业数据资源协同共享平台、长江经济带林业数据资源协同共享平台、生态服务大数据智能决策平台五大示范工程
《生态环境大数据建设总体方案》	环保部	2016 年 3 月	实现生态环境综合决策科学化。将大数据作为支撑生态环境管理科学决策的重要手段，实现"用数据决策"。利用大数据支持环境形势综合研判、环境政策措施制定、环境风险预测预警、重点工作会商评估，提高生态环境综合治理科学化水平，提升环境保护参与经济发展与宏观调控的能力。 实现生态环境监管精准化。充分运用大数据提高环境监管能力，助力简政放权，健全事中事后监管机制，实现"用数据管理"。利用大数据支撑法治、信用、社会等监管手段，提高生态环境监管的主动性、准确性和有效性。

文件名称	发文单位	出台时间	重点内容
《生态环境大数据建设总体方案》	环保部	2016 年 3 月	实现生态环境公共服务便民化。运用大数据创新政府服务理念和服务方式，实现"用数据服务"。利用大数据支撑生态环境信息公开、网上一体化办事和综合信息服务，建立公平普惠、便捷高效的生态环境公共服务体系，提高公共服务共建能力和共享水平，发挥生态环境数据资源对人民群众生产、生活和经济社会活动的服务作用
《促进大数据发展三年工作方案》	发展改革委	2016 年 4 月	①加快数据共享开放，开展政府治理大数据示范应用，推进"互联网＋政务服务"，深化数据创新应用；②推动产业创新发展，做好大数据产业发展的规划，推动工业大数据、互联网与制造业的融合发展；③科学规范利用数据，建立完善大数据管理机制，加快相关法律法规和标准体系建设，强化数据安全保障
《促进国土资源大数据应用发展的实施意见》	国土资源部	2016 年 7 月	到 2020 年，国土资源数据资源体系得到较大丰富与完善。国土资源数据实现较为全面的共享和开放。基于数据共享的国土资源治理能力不断提高，基于数据开放的公共服务能力全面提升。国土资源大数据在资源监管和公共服务等领域得到广泛应用。国土资源大数据产业新业态初步形成

4. 中国大数据市场

在政府的领导和政策持续而强大的推动下，我国大数据产业获得了有效发展，这也促进了产业价值的进一步发掘。大数据市场规模逐渐扩大，2016 年高达 168 亿元，年增速高达 45%，预计到 2020 年，市场规模将达到 578 亿元（图 5-2）。在应用方面，各主要城市均建立本地的大数据平台实现互联互通，促进对人民日常生活的交通、安全、衣食住行等需求的有效应对；促进企业以低成本的方式共享公共大数据资源和服务。

图 5-2　我国大数据产业的市场规模

与其他产业一样，我国大数据产业也产生了聚焦效应。大数据产业的集聚区多位于东部经济较发达地区，同时国家也有意加强西部地区的大数据建设。大数据产业集聚区主要包括下列地区。

①京津冀地区利用北京信息产业的巨大优势，培育出一批大数据企业，京津冀的确是我国目前大数据企业集聚最多的地方。北京的部分大数据企业向外扩散到天津、河北，形成了"京津冀大数据走廊"靓丽的风景线。

②珠三角地区依托广州、深圳等地区电子信息产业历年积累的优势，充分发挥广州和深圳两个国家超级计算中心的集聚作用，更是有一批卓越的企业起到引领带动作用，如腾讯、华为、中兴等，珠三角地区逐渐也呈现出大数据集聚发展的趋势。

③长三角地区凭借上海、杭州、南京的大数据与当地智慧城市、云计算发展紧密结合的优势，吸引了大量与大数据相关的优质企业，从而促进了产业发展。上海市还发布《上海推进大数据研究与发展三年行动计划》，推动大数据在城市管理和民生服务领域的应用。

④大西南地区以贵州、重庆为代表城市，通过积极吸引国内外龙头骨干企业，实现大数据产业在当地的快速发展。2013 年，贵州省率先把握大数据发展机遇，充分发挥其发展大数据产业所独具的生态优势、能源优势、区位优势及战略优势，抢占先机率先启动首个国家大数据综合实验区、国家大数据产业集聚区和国家

大数据产业技术创新实验区；率先建成全国第一个省级政府数据集聚共享开放的统一云平台；率先开展大数据地方立法，颁布实施《贵州省大数据应用促进条例》；率先设立全球第一个大数据交易所；率先举办贵阳国际大数据产业博览会和云上贵州大数据商业模式大赛等。

5. 大数据应用进展和发展趋势

大数据早已成为企业和社会关注的重要战略资源，并且对所有人的生活、工作、学习等各方面都已经产生巨大影响。例如，我们手机用户收到不少基于大数据精准营销产生的广告，天气预报运用的是大数据精准预测，股市数据的解读是基于对大数据精准分析的应用，诸如此类的例子还有很多。

精准营销：人工智能助力精准营销，在全媒体覆盖、智能投放、大数据分析、精准算法、品牌推广等各方面都极有成效（图5-3）。

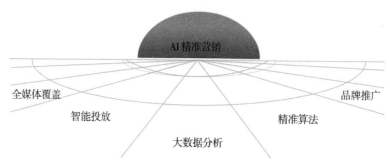

图5-3　大数据在营销中的应用

企业利用基于客户信息的大数据进行精准营销，现在已经到了无孔不入的程度。精准营销利用用户在使用计算机、手机浏览新闻、玩游戏、购物时留下的痕迹，给商家提供了精准的数据，便于企业展开精准营销。手机中的各种应用软件都十分容易获取人们的姓名、企业、喜好等各类信息，经大数据处理分析后，商家很容易分析出人们的购物习惯、消费能力、活动范围等，甚至还能预测出人们将来要购买哪些商品。基于这些数据，商家就可以精准定位出不同的客户群体，描述详尽的客户画像，根据不同的客户画像实现不同的商品推荐以提高销售效果。这比传统的通过无区别的广告进行营销显然更精准、效率更高、成本更低。

精准预测：大数据同样在精准预测方面也发挥了非常重要的作用，被广泛应用于天气预报、道路状况、自然灾害、农业生产等领域。例如，大家耳熟能详的高德地图，其通过大数据技术可精准告知每位使用者实时路况，提醒大家错峰及绕开拥堵路段，给出更优化的路线；高德地图还可以随时获取所有公交车的位置等信息并给出预计到站时间，告知乘车人，乘客可以从容不迫地计划好出行时间。这些服务不仅能解决出行过程中交通拥堵等问题，更能在交通部门的应急指挥、道路管理等方面发挥独特而巨大的作用。在天气预报和自然灾害预报方面，现有技术已经能通过对有关天气数据的获取和分析，准确预报出雨雪、大风等极端天气，对发生台风、泥石流等自然灾害的预测和跟踪也越来越精准。

精准分析：包括对市场预测、库存管理、故障检测与处理，这对于企业运营尤为重要。每个企业都有各种各样的数据，而数据背后往往代表着关联关系和因果关系。企业可以根据合同情况对市场可能的变化和行业竞争对手进行预测和分析，也可以根据现金流的变化对客户回款和供应商付款进行跟踪，可以根据数据进行库存的动态管理，也可以依据盈亏利润情况对行业发展阶段进行预测并提前进行产品的转型升级、制定发展战略，企业还可以根据设备运行的数据对可能出现的故障进行预防性排除和处理（图5-4）。

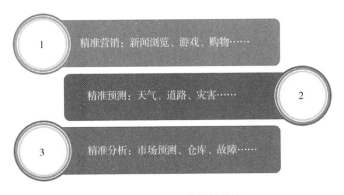

1 精准营销：新闻浏览、游戏、购物……

2 精准预测：天气、道路、灾害……

3 精准分析：市场预测、仓库、故障……

图5-4 大数据营销的故事

6. 大数据未来发展

大数据未来要打造数据生态系统。大数据将无处不在，未来组织中的大数据将毫无疑问成为组织核心竞争力，用好大数据可以为政府、企事业单位的良好发展保驾护航。未来大数据不会仅局限于组织内部，我们已进入万物互联的信息大融合的新时代，大数据会逐渐形成生态系统。这一生态系统将影响每个人的工作和生活，让人们享受大数据带来的便捷和效率，以及产生的高效益。大数据生态系统会嫁接各种技术、产品、资源，是一个开放的、综合的系统。所有人、所有组织都应意识到，拥抱大数据就是拥抱未来。

大数据发展要重视数据安全和隐私。目前存在大数据被广泛滥用的情况，并且涉及工业和个人。一些不法企业通过非常规渠道获取了大量的客户信息，如银行信息、个人消费习惯信息、地址信息、手机信息等资料，然后通过各种渠道狂轰滥炸式地向客户发送广告、消息推送，让人苦不堪言。这不仅严重侵犯了消费者的隐私，更是为大家的银行账户等资产带来巨大的隐患。大家对网络暴力都有耳闻，一旦个人信息泄露，信息会以超几何级数的方式飞速传播，一夜之间传播给成千上万人，对当事人造成极大困扰。而工业数据的泄露，造成的严重后果更是不言而喻，信息被窃取，产品被抄袭，客户被误导，这一切都足以让一家优秀的企业瞬间破产。

未来大数据的应用必将更深入、更广泛，由此引发的侵犯隐私和其他严重的违法问题必须得到根本解决。否则，大数据能给我们带来多大的便利，就能给我们带来多少困扰。

第二节　云计算和云存储

云计算（cloud computing）是通过网络"云"将巨大的数据计算处理程序进行分解，再通过分布的服务器进行分析计算，并最终将分析计算结果返回的一种新的分布式计算。云计算被誉为 20 世纪 80 年代大型计算机向客户端／服务器模式大转变之后，信息技术领域又一次深刻的革命性变化（图 5-5）。

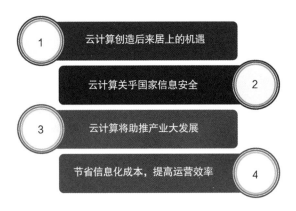

图 5-5　云技术优势

云存储（iCloud）是在云计算概念上延伸和发展出来的新概念。云存储是指通过集群应用、网格技术或分布式文件系统等技术和功能，将网络中大量、多类型存储设备通过软件集合、协同，达到共同对外提供数据存储和业务访问功能的一整套系统。

1. 云计算定义

美国国家标准与技术研究院（NIST）给出了云计算的一种定义。该组织认为，云计算是按使用量付费的模式，这种模式提供可用的、便捷的、按需的网络访问，访问会进入灵活、可配置的计算资源共享池，这些资源包括网络、服务器、存储、应用软件、服务等。资源能被快速提供，再投入很少的管理工作，与服务供应商进行很少的交互，便可得到丰富高效的服务。

云计算是把 IT 资源、数据、应用等都作为服务，通过网络提供给用户的一种技术方式。它通过特定的技术把大量高度虚拟化的资源管理起来，组成巨大的资源池，向外提供统一服务。从技术角度定义，云计算是将网格计算（grid computing）、分布式计算（distributed computing）、并行计算（parallel computing）、效用计算（utility computing）、网络存储（network storage technologies）、虚拟化（virtualization）、负载均衡（load balance）、冗余备份（high available）、数据安全（data security）等传统计算机技术和网络技术相融合的产物。其目的是通过基于网络的计算方式，将共享的软硬件资源和信息重组整合，按需提供给计算机或其他系统使用。

作为非专业人士，应该如何理解"云"的概念呢？我们可以想象在农耕社会，人们要每家自己耕种才能解决粮食问题，随着规模化生产产生分工，人们就能便利地到市场以低成本采购食物。云计算和云储存就类似共享模式，它可向企业等实体提供类似产品或服务，而无须所有企业各自准备所需的软硬件。再举一个工业时代的例子。工业时代初期，"电"是几乎所有产业进行运作和生产的前提，每个工厂不得不自己配备发电机，重要的大企业甚至还要盖发电厂以确保自己工厂的电力供应。随着发电厂的兴起，企业可以通过发电厂集中发电，电厂和工厂通过电网远距离供电。工厂不必自盖发电厂，只需从发电厂购买，插上插头即可获得供电，如今电力已经完全普及，成为人们日常生产生活的基本需求。云计算和云存储向外提供几乎不受限制的计算能力和存储空间，比企业自己购买相关软硬件更加廉价、高效。

人类进入信息时代后，随着计算机和通信技术的高速发展，信息处理能力也需要像工业革命初期电力的远程供应一样，可以远距离传播到世界各地。这促使人们开始思考一个新的问题：计算机资源到底能不能像水电等公共服务一样使用？云计算的终极目标是将计算、服务和应用作为一种公共设施提供给公众，让人们像通过管道或线缆使用水、电、气那样，通过网络使用计算机资源。

2. 云计算简史

云计算从概念的提出发展到现在不过十几年，这一领域却已发生了翻天覆地的改变（表5-2）。

表 5-2　云计算的发展史

时间	机构	重点内容
1983 年	Sun Microsystems	提出"网络是电脑"（"the network is the computer"），这被看作早期的模糊概念
2006 年 3 月	Amazon	推出弹性计算云（Elastic Compute Cloud，EC2）服务，云的正式概念首次被提及。亚马逊推出 S3（Simple Storage Service）和 EC2（Elastic Cloud Computer）两款产品，这使企业可通过"租赁"计算容量和处理能力来运行其企业应用程序，尤其是 EC2 自正式发布后，价值越来越大，已成为 Amazon 云服务生态系统的基石
2006 年 8 月 9 日	Google	Google 首席执行官埃里克·施密特（Eric Schmidt）在搜索引擎大会（SES San Jose 2006）首次提出云计算的概念
2007 年 10 月	Google 与 IBM	Google 与 IBM 开始在美国大学校园，包括卡内基梅隆大学、麻省理工学院、斯坦福大学、加州大学伯克利分校、马里兰大学等，推广云计算相关计划，希望能降低分布式计算技术在学术研究方面的成本
2007 年 11 月	IBM	IBM 推出能"改变游戏规则"的"蓝云"（Blue Cloud）计算平台，它声称能为客户带来即买即用的云计算平台，这包括一系列的自动化、自我管理、自我修复的虚拟化云计算软件，这一举措可使来自全球的应用都可以访问分布式大型服务器池，从而使数据中心在类似于互联网的环境下运行计算
2008 年 10 月	Microsoft	微软推出了 Windows Azure 操作系统；2008 年 1 月，Google 宣布在台湾启动"云计算学术计划"，将与台湾台大、交大等学校合作，快速将云计算技术推广到校园
2008 年 2 月	IBM	IBM 宣布将在中国无锡太湖新城科教产业园为中国的软件公司建立全球第一个云计算中心
2008 年 7 月	Yahoo、HP、Intel	Yahoo、HP、Intel 宣布一项涵盖美国、德国和新加坡的联合研究计划，推出云计算研究测试床，推进云计算。该计划要与合作伙伴创建 6 个数据中心作为研究试验平台，每个数据中心配置 1400 ～ 4000 个处理器

时间	机构	重点内容
2008 年 8 月	Dell	美国专利商标局网站信息显示，戴尔正在申请"云计算"商标，此举旨在加强对这一未来可能重塑技术架构的术语的控制权
2009 年	Microsoft	微软推出 Azure 云服务测试版。Azure（意为蓝天）是微软继 Windows 取代 DOS 后的又一次颠覆转型——通过在互联网架构上打造新的云计算平台，让 Windows 由 PC 延伸到"蓝天"上
2010 年 3 月	Novell、CSA	Novell 与云安全联盟（CSA）共同宣布一项供应商中立计划，名为"可信任云计算计划（Trusted Cloud Initiative）"

3. 中国政策

近年来，国内外支持云计算发展的激励政策相继出台，全球政策环境持续利好。在此期间，我国鼓励云计算发展的政策也集中出台，这使得我国云计算在产业发展、行业推广、应用基础等各重要环节的宏观政策体系得以快速形成。表 5-3 是政策体系中一些重要组成部分。

表 5-3　国家支持云计算发展相关政策

时间	部门	文件名称	文件内容
2010 年 10 月 18 日	发展改革委	《关于做好云计算服务创新发展试点示范工作的通知》	现阶段云计算创新发展的总体思路是"加强统筹规划、突出安全保障、创造良好环境、推进产业发展、着力试点示范、实现重点突破"。云计算创新发展试点示范工作要与区域产业发展优势相结合，与国家创新型城市建设相结合，与现有数据中心等资源整合利用相结合，要立足全国规划布局，推进云计算中心（平台）建设，为提升信息服务水平、培育战略性新兴产业、调整经济结构、转变发展方式提供有力支撑

续表

时间	部门	文件名称	文件内容
2010 年 10 月 10 日	国务院	《国务院关于加快培育和发展战略性新兴产业的决定》	加快建设宽带、泛在、融合、安全的信息网络基础设施，推动新一代移动通信、下一代互联网核心设备和智能终端的研发及产业化，加快推进三网融合，促进物联网、云计算的研发和示范应用。着力发展集成电路、新型显示、高端软件、高端服务器等核心基础产业。提升软件服务、网络增值服务等信息服务能力，加快重要基础设施智能化改造。大力发展数字虚拟等技术，促进文化创意产业发展
2014 年 3 月	工业和信息化部	《中国国际云计算技术和应用展览会》	一是要加强规划引导和合理布局，统筹规划全国云计算基础设施建设和云计算服务产业的发展；二是要加强关键核心技术研发，创新云计算服务模式，支持超大规模云计算操作系统、核心芯片等基础技术的研发，推动产业化；三是要面向具有迫切应用需求的重点领域，以大型云计算平台建设和重要行业试点示范、应用带动产业链上下游的协调发展；四是要加强网络基础设施建设；五是要加强标准体系建设，组织开展云计算及服务的标准制定工作，构建云计算标准体系
2015 年 1 月	国务院	《国务院关于促进云计算创新发展培育信息产业新业态的意见》	适应推进新型工业化、信息化、城镇化、农业现代化和国家治理能力现代化的需要，以全面深化改革为动力，以提升能力、深化应用为主线，完善发展环境，培育骨干企业，创新服务模式，扩展应用领域，强化技术支撑，保障信息安全，优化设施布局，促进云计算创新发展，培育信息产业新业态，使信息资源得到高效利用，为促进创业兴业、释放创新活力提供有力支持，为经济社会持续健康发展注入新的动力

时间	部门	文件名称	文件内容
2015 年 5 月	网信办	《关于加强党政部门云计算服务网络安全管理的意见》	充分认识加强党政部门云计算服务网络安全管理的必要性；进一步明确党政部门云计算服务网络安全管理的基本要求；合理确定采用云计算服务的数据和业务范围；统一组织党政部门云计算服务网络安全审查；加强云计算服务过程的持续指导和监督；强化保密审查和安全意识培养
2015 年 7 月	国务院	《国务院关于积极推进"互联网＋"行动的指导意见》	顺应世界"互联网＋"发展趋势，充分发挥我国互联网的规模优势和应用优势，推动互联网由消费领域向生产领域拓展，加速提升产业发展水平，增强各行业创新能力，构筑经济社会发展新优势和新动能。坚持改革创新和市场需求导向，突出企业的主体作用，大力拓展互联网与经济社会各领域融合的广度和深度。着力深化体制机制改革，释放发展潜力和活力；着力做优存量，推动经济提质增效和转型升级；着力做大增量，培育新兴业态，打造新的增长点；着力创新政府服务模式，夯实网络发展基础，营造安全网络环境，提升公共服务水平
2015 年 8 月	国务院	《促进大数据发展行动纲要》	该纲要分为发展形势和重要意义、指导思想和总体目标、主要任务、政策机制4 部分。主要任务是：加快政府数据开放共享，推动资源整合，提升治理能力；推动产业创新发展，培育新兴业态，助力经济转型；强化安全保障，提高管理水平，促进健康发展。政策机制是：完善组织实施机制；加快法规制度建设；健全市场发展机制；建立标准规范体系；加大财政金融支持；加强专业人才培养；促进国际交流合作

续表

时间	部门	文件名称	文件内容
2015 年 12 月	工业和信息化部	《电信业务分类目录（2015 年版）》	约定划分了基础电信业务和增值电信业务。并具体定义了基础电信业务中的第一类基础电信业务和第二类数据通信业务，具体包含：固定通信业务、蜂窝移动通信业务、第一类卫星通信业务、集群通信业务、无线寻呼业务、第二类卫星通信业务等。 增值电信业务的第一类增值电信业务和第二类增值电信业务，具体包括：互联网数据中心业务、内容分发网络业务、互联网接入服务业务等各自包含的内容（这一文件在 2019 年进行了修订）
2016 年	工业和信息化部	《关于规范云服务市场经营行为的通知（公开征求意见稿）》	云服务经营者应建立健全服务质量保障体系，规范业务宣传和经营服务行为，严格履行服务协议和公开承诺，确保云服务质量。应建立用户投诉处理机制，妥善处理用户投诉，维护用户合法权益。云服务经营者应使用具备相应许可资质的电信业务经营者所提供的网络基础设施和 IP 地址、带宽等接入资源。各相关电信业务经营者不得为无相应许可资质的单位或个人提供用于经营云服务的网络基础设施和 IP 地址、带宽等接入资源。云服务经营者应在境内建设云服务平台，相关服务器与境外联网时，应通过工业和信息化部批准的互联网国际业务出入口进行连接，不得通过专线、虚拟专用网络（VPN）等其他方式自行建立或使用其他信道进行国际联网

时间	部门	文件名称	文件内容
2016 年 12 月	国务院	《"十三五"国家信息化规划》	围绕贯彻落实"五位一体"总体布局和"四个全面"战略布局,加快信息化发展,直面"后金融危机"时代全球产业链重组,深度参与全球经济治理体系变革;加快信息化发展,适应把握引领经济发展新常态,着力深化供给侧结构性改革,重塑持续转型升级的产业生态;加快信息化发展,构建统一开放的数字市场体系,满足人民生活新需求;加快信息化发展,增强国家文化软实力和国际竞争力,推动社会和谐稳定与文明进步;加快信息化发展,统筹网上网下两个空间,拓展国家治理新领域,让互联网更好地造福国家和人民,已成为我国"十三五"时期践行新发展理念、破解发展难题、增强发展动力、厚植发展优势的战略举措和必然选择
2017 年 3 月	工业和信息化部	《云计算发展三年行动计划(2017—2019 年)》	到 2019 年,我国云计算产业规模达到 4300 亿元,突破一批核心关键技术,云计算服务能力达到国际先进水平,对新一代信息产业发展的带动效应显著增强。全面落实党的十八大和十八届三中、四中、五中、六中全会精神,深入贯彻习近平总书记系列重要讲话精神,牢固树立和贯彻落实创新、协调、绿色、开放、共享的发展理念,以推动制造强国和网络强国战略实施为主要目标,以加快重点行业领域应用为着力点,以增强创新发展能力为主攻方向,夯实产业基础,优化发展环境,完善产业生态,健全标准体系,强化安全保障,推动我国云计算产业向高端化、国际化方向发展,全面提升我国云计算产业实力和信息化应用水平

续表

时间	部门	文件名称	文件内容
2017 年	工业和信息化部	《电信业务经营许可管理办法》	①建立电信业务信息化管理平台； ②建立信用管理制度； ③建立信息年报和公示制度； ④建立失信名单和惩戒制度； ⑤完善事中事后监管体系； ⑥促进利企便民
2018 年 8 月 10 日	工业和信息化部	《推动企业上云实施指南（2018—2020 年）》	上云比例和应用深度显著提升，云计算在企业生产、经营、管理中的应用广泛普及，全国新增上云企业 100 万家，形成典型标杆应用案例 100 个以上，形成一批有影响力、带动力的云平台和企业上云体验中心

4. 云计算特点

云计算具有显著的特性和优势，其中超大规模和廉价性、虚拟化、高可靠性、易用性和个性化等特点尤为明显（图 5-6）。

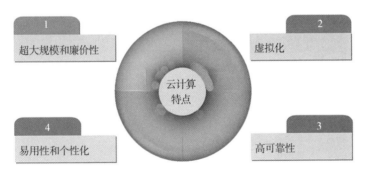

图 5-6　云计算特点

超大规模和廉价性。"云"具有超大的规模，对于个体使用者来讲，这种规模几乎可以理解为无限的空间和能力，"云"的资源取之不尽，用之不竭，同时具有非常吸引人的价格。用户通过购买云计算和云存储，可以获取更多的资源，比自己购买软硬件及聘用专业技术人员要节约更多的成本，同时能实现更多更好的功能。很多规模较大的企业再也无须增加高昂的费用自建数据中心，无须聘请专业运行和维护人员，通过购买"云"服务，可以享受更快的速度、更好的应用服务。

虚拟化。"云"的一个特点就是虚拟化，用户无须了解"云"的软硬件终端在哪里，用什么技术提供的资源和服务。只要用户在网络环境中，身边有手机或笔记本，便可以在任意位置获取各种"云"资源和"云"服务。"云"服务提供商和用户都可以隐身在任意角落，但资源和服务确实源源不断地提供过来，这就是"云"的虚拟化。

高可靠性。若用户自建数据中心，避免不了发生数据瘫痪、软件问题、硬件故障、停电等意外。而采用云计算，上述问题统统不存在。"云"提供商软硬件系统具有高度稳定性，云计算一般采用多种容错机制，因此，用户获取的数据要比本地计算机更加可靠。

易用性和个性化。"云"的架构设计既可以满足通用的、一般的用户需求，更可以满足个性化、特殊化的用户需求。云计算有经典的应用程序来满足一般用户的需求。但有些用户需要"云"供应商提供完全个性化的应用服务，这也没有任何问题，"云"的平台层可以开发出无穷的应用程序和应用软件。可以毫不夸张地讲，用户有什么需求，"云"就可以提供什么服务。

5. 云架构

大家比较公认的云架构划分为基础设施层（IaaS）、平台层（PaaS）和软件服务层（SaaS）（图5-7）。

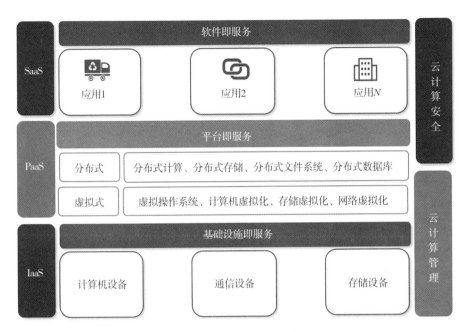

图 5-7　云计算架构示意

IaaS（infrastructure as a service），基础设施即服务。这一层包括计算机设备、通信设备、存储设备等基础设施。这一层向用户按需提供计算能力、存储能力、网络能力等 IT 基础设施服务，支撑部署、运行，包括操作系统、应用程序的任意软件，而无须管理或控制底层资源及云基础设施。IaaS 之所以得到广泛而成熟的应用，核心在于虚拟化技术，虚拟化技术使得用户通过订购即可从数据中心按份额得到定制化的服务。

PaaS（platform as a service），平台即服务。这一层使用者得以通过运用供应商所能支持的编程语言、类库、服务、工具，实现应用程序的云端创建和部署。被服务对象无须管理也无须控制基础设施，便可控制自己已进行云端部署的应用，并可对应用托管环境的可设置项进行配置。

SaaS（software as a service），软件即服务。这一层为使用者提供在云基础设施上运行的应用程序服务。这一层使用户能在客户端界面访问部署在云端的应用。用户能通过种类繁多的各类终端设备，如配置 PC 端 Web 浏览器、电子邮件或其他应用的程序接口，达到访问云端服务器应用的目的，在这一层，终端用户依旧无须管理或控制底层基础设施。

6. 云计算技术

大数据和云计算密不可分、相辅相成。大数据无法用单台的计算机进行处理，必须采用分布式计算架构，因此就必须依托云计算的分布式处理、分布式数据库、云存储和虚拟化技术。目前，我国云计算的基础设施电力供应、硬件服务器、网络基站、传输技术等各方面日趋完善，为云计算的整体协调发展打下了坚实的基础。云计算以标准与服务为内容，以互联网为渠道，向客户提供定制化、安全、快速、便捷的数据存储及网络计算服务，云计算的技术从以下 3 个层面得以体现。

第一层是分布式技术。分布式并行计算与分布式缓存及分布式文件系统一起，作为云计算应用背后的核心技术，被广泛应用于搜索、云计算平台等大数据领域。

第二层是虚拟化技术。包括服务器虚拟化、存储虚拟化、网络虚拟化、桌面虚拟化。这一技术将计算机物理资源如服务器、网络、内存及存储等都按一定规则映射成虚拟资源，并通过安装、部署多个虚拟机，达到多用户共享物理资源的目的，同时，虚拟部分的资源不受现有资源的架设方式、地域、物理组态等所限。

第三层是并行编程技术。在云计算项目中，并行编程模式被广泛采用。在这种模式下，后台繁多而复杂的任务处理和资源调度对用户透明，用户能更高效地利用软硬件资源，更快速和简单地使用所有应用和服务，最终大大提升了用户体验（图 5-8）。

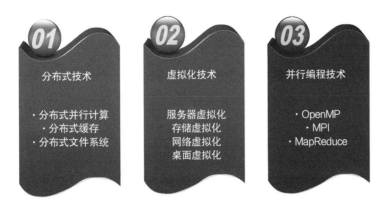

图 5-8　云计算主要技术

7. 云计算未来发展

云计算目前仍在高歌猛进地发展，其发展也必然脱离不开对云端的安全和隐私、网络传输、技术标准等几个问题的思考。

云端的安全和隐私问题。云计算和大数据一样，面临着与未来发展密切相关的保护客户隐私和安全的问题。虽然云供应商都有明确而高效的加密措施以保证用户数据的安全和隐私，但在用户角度，通过科技获取的便利及资源，可能永远不会让自己高枕无忧。因为一旦数据在网络上泄露，对用户的打击甚至是致命的。从技术角度来看，云供应商具有对黑客攻击的防范能力，但这些供应商同时也有黑掉自己用户的能力。我们经常看到操作系统和应用软件的"后门"事件，即使云供应商和应用系统的提供商们都会承诺对用户数据进行加密，并签署各种保护隐私的协议，但花样繁多的"隐形条款"大量存在的事实，让用户感到自己的安全完全没有保障。普通的企业和个人用户尚且如此，对机密和安全更为看重的政府和军队等机构，对数据隐私及安全性更是不容丝毫差错，这让涉密组织和机构在寻找合适的云供应商时慎之又慎。

网络传输问题。云计算的另一个基础设施是网络。所有数据必经有线或无线网络与用户交互，所有子网项链构成巨大而复杂的数据网。网络承载力和传输力对云计算发展也必然起到关键作用。20世纪以来，我们的网络传输技术从1G发展到了5G，无论是承载能力还是传输能力，都有了翻天覆地的提升。网络传输是云计算体系最重要的一环，5G技术的推广应用极大地促进了云计算的发展。5G已成为人工智能领域全世界激战的战场，我国的华为和中兴等公司正从"跟随者"发展成"引领者"。

技术标准问题。如同移动电话需要充电接口一样，云服务商们也有立足自身技术强项自主研发的应用软件，若云服务商之间不定义统一的接口协议、技术标准，用户在不同云服务商之间做选择和进行切换的成本将会越来越高，云服务商有意无意设置障碍以增加客户黏性，立足长远，这将阻碍行业的整体发展速度。因此，明确云计算的技术和服务标准也就毫无疑问势在必行。

第三节　模式识别：图像识别

人工智能的模式识别主要包括图像识别和语音识别两个方向。

1. 图像识别定义

图像识别（image identification），顾名思义，是指利用计算机对图像进行处理、分析、理解，以达到识别各种不同模式的目标和对象的技术。它对图像做处理和分析，最终识别出我们设置的目标。图像识别发展到今天，已不是仅用人类肉眼观察，而是需要借助计算机技术来进行了。

图像识别技术在人工智能的应用中起到越来越重要的作用。根据数据库中被定义的已有样本，用各种算法完成图形图像比对，并正确高效地寻找到和设定样本具有高度一致性和匹配度的目标图像。这种目标是在概率上确定的目标，如果找到符合要求的图像，后续还要通过其他技术和手段验证图像是否符合要求，以修正、改进现有算法，进入下一步的分析和处理阶段。从发展阶段来看，我们将图像识别分为3个阶段：文字识别、数字图像处理与识别、物体识别（图5-9）。随着神经网络等技术的应用，在短短数年间，图像识别技术已经从仅能对简单的字母、数字、符号等进行识别，发展到能轻松实现指纹、人脸及各种复杂、专业的图形图像辨识。

图 5-9　图像识别发展阶段

2. 技术原理

要想深刻理解图像识别的技术原理，理解人脑和计算机在图像识别上的区别是相当有帮助的。人脑对图像的识别，直觉上似乎非常简单，但从技术分析上看，却要分为人通过眼睛观察事物、人脑对事物按记忆进行分区存储、对所见事物的典型特征进行分析分类、事物再次复现时人脑根据分类特征迅速展开对自身"数据库"搜索和特征比对、最终识别出目标事物等几个方面。人脑对于日常中简单的事物具有天然的优势，但人脑也具有天然的缺陷。在面对两种情况时这种缺陷尤为明显：一是人脑的记忆力会随着时间的延长呈现出衰减；二是人脑处理大量、专业、复杂图形时的能力不足。

关于记忆力衰减问题，以社交中我们结识陌生人为例。我们遇到陌生人时，会在瞬间记住这个陌生人的体态和容貌的外形轮廓，我们还可以在较长的时间记住这些形象并在下一次相见时快速从人群中识别出这个人。随着时间推移，在 5 年、10 年未和这个人有更多联系的情况下，即便我们再见到这个人，大脑也已调不出任何信息，因而也就无法再识别出他。这种现象就是典型的大脑记忆力衰减的表现。而计算机一旦能识别，但凡正常工作，它在任何时候都永不会记忆力衰减。

人脑在处理大量、专业、复杂图形时的能力不足，是指在大量图像、具有微小细节的复杂图像、医疗图片等专业性识别方面，人脑往往无能为力。例如，在公共安全领域，人脑要接受 100 张犯罪嫌疑人的照片，大多数人能记住的不会过半。并且根据人类记忆力衰减规律，如果我们不长时间看、反复看，很快又将忘记这些照片中人的样子。如果是公共区域的高清摄像头，就没有这个遗憾和烦恼，它把视觉范围内所有人的图像传送给中央处理器进行分析对比时，这些图像甚至达到数以万计、百万计甚至更大数量级，这是人脑的图像识别系统完全无法胜任的工作。随着图像识别技术的进步，现在计算机已经能够开始完成类似海量、复杂性的人脸识别工作。

图像识别技术的发展很迅猛，但基本的原理和过程并不复杂，它包括图像获取、信息预处理、特征抽取和特征定义、样本对比、概率分析、最终决策等步骤（图 5-10）。

图 5-10　图像识别技术基本原理

图像识别这一过程中的图像获取，是指通过传感器将光、声等信息转化为电信息，即获取研究对象的基本信息，通过技术方法再将其转变为计算机信息；信息预处理是指通过信息处理中去噪、平滑、变换等操作来加强影响图像被识别的重要特征；特征抽取和特征定义是指在模式识别中，将识别出的关键信息进行建模，以达到对信息的特征框架抽象和定义的目的。我们研究的图像各式各样，需要利用某种方法将它们按类型区分开，获取图像各种特征并进行抽象建模的过程就是特征抽取和特征定义，这些特征对一定的识别并非都有用，这就需要提取有用的特征，这就是特征的定义或者选择；图像特征被抽取后，与预留的样本特征进行对比，得到基本的判定结论，计算机采用主要特征进行对比，而达不到对所有特征的对比，所以图像识别成功是概率事件。目前，计算机进行图像识别的最终识别率已经非常高，一旦批量识别不准或识别错误，就需要对主要特征进行优化了。

近年来，神经网络技术、数据降维技术等在图像识别领域中的应用越来越广泛，图像识别也已经从对比分析阶段发展到预测分析阶段。

3. 应用进展和发展趋势

图像识别已经被多个领域广泛应用。美国的康奈尔大学建立了 e-Bird 项目，该项目将人工智能运用于鸟类物种的识别，并观测鸟类物种的变化、迁徙；项目还通过计算机视觉长期观测并指示生物的生长和生活习性，以获取生态演进和环境变化的重要数据。

新浪科技于 2015 年 2 月 15 日发布新闻，称微软公布了一篇关于图像识别的论文，论文指出在一项图像识别基准测试中，计算机的识别能力已超越人类！测试显示，人类在 ImageNet 数据库中的图像识别错判率为 5.1%，而微软研究小组深度学习系统的错判率达到了 4.94%。我们能预见在模式识别领域，计算机因为在一些方面优于人类感官（触觉、视觉、听觉等）能力，一旦技术得到突破，定将发挥更大的优势和潜力，更好地服务人类的生产生活，为人工智能的高速发展做出卓越的贡献。

第四节　模式识别：语音技术

语音技术将实现人机语音交互沟通及将语音自由翻译、转换。其主要目的是让计算机通过识别和理解，将语音翻译成可执行的命令或者文本。语音技术包括语音合成和语音识别。语音技术的社会意义巨大，可大量减少翻译、手工录入等重复性工作。语音技术将助力扩大人工智能的应用领域。语音技术涉及语言学、计算机科学、信号处理、生理学等多个学科。因此，对语音技术的研究和应用也将是多学科交叉融合的综合结果。

1. 定义

语音识别（voice recognition）是一门交叉学科，在近20年中取得显著进步。语音识别技术未来将进入各个领域，为人类生活带来更多便利。语音识别通过技术手段实现人与机器的语音交流，让机器对声音进行识别、理解，并把语音信号转变为文本或命令。中国物联网校企联盟更是形象地把它比作"机器的听觉系统"。

语音合成是将文字信息转化为声音信息，给应用配上可以说话的"嘴巴"，目的是为了让计算机产生高质量、高自然度的，类似人类语言的连续语音。其又被称为文本语音转换系统（TTS），是指将文字智能地转化为自然语音流。

2. 技术原理

语音识别技术涉及信号处理、模式识别、概率论和信息论、发声机制和听觉机制、人工智能等多个领域。还包括语音编码、音色转换、口语评测、语音消噪和增强等技术，有着广阔的应用空间。语音识别分为特征提取、模式匹配准则、模型训练3个步骤。近10年，借助机器学习领域深度学习研究的发展，以及大数据语料的积累和数据分析技术，语音识别技术得到突飞猛进的发展。

首先，将深度学习研究引入语音识别声学模型训练中，带有预训练能力的多层神经网络的应用，极大地提高声学模型的准确率。微软研究人员用深层神经网络模型，将语音识别错误率降低30%，率先取得突破性进展，这被认为是近20年来语音识别技术方面最大的进步。

其次，目前主流的语音识别解码器多采用基于有限状态机（WFST）的解码网络，该解码网络把语言模型、词典、声学共享音字集都统一集成为整体的一张解码网络，大大提高了解码速度，这为语音识别实时应用提供了技术基础。

最后，随着互联网技术的发展和手机等移动终端的普及，使构建通用大规模语言模型和声学模型逐渐成为可能，因为现在我们可从多渠道获取大量的文本或语音语料，这为语言模型和声学模型的训练提供了极为丰富的资源。训练数据的匹配度、多样性是推动语音识别系统性能提升的重要因素，语料的标注和分析需要长期积累，随着大数据时代的来临，大规模语料资源的积累已被提到战略高度（图 5-11）。

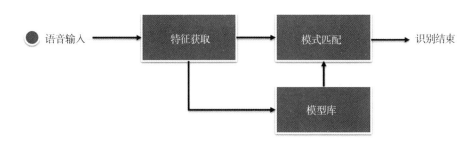

图 5-11　语音识别的实现

当前，对语音合成的研究已进入文字语音互转（TTS）阶段，我们把它分为文本分析、韵律建模、语音合成 3 个模块。语音合成是 TTS 系统中最基本和最重要的模块，它根据韵律建模结果，从原始语音数据库中提取出相应的语音基元，再利用语音合成技术对语音基元进行公允率特性调优迭代，最终合成符合要求的语音。语音合成技术经历了逐步发展的过程，从参数合成，到拼接合成，再到两者结合，人们认知水平和需求的提高是其不断发展的推动力。我们熟悉的语音合成常用技术有共振峰合成、LPC 合成、PSOLA 拼接合成、LMA 声道模型技术等。

3. 应用进展和发展趋势

语音识别给我们的日常工作和生活带来极大的便利，其中，在移动终端上的应用最为广泛。语音助手、互动工具、语音对话机器人等应用日益广泛，大量的人工智能公司投入资源开展关于语音技术的研究，打算通过语音技术的新颖性和便利性，更快、更多地占领目标客户群。

其中，常见的应用语音技术的是公共机构，如银行、医院等。最初，当我们去银行办理业务、去医院看病挂号，都不得不排队，而现在这种现象几乎不存在了。银行、医院的排号系统便是对语音技术的应用，广播系统会清晰地喊出你的姓名并同步给你及时、有用的信息。天气预报、机场广播等也都越来越多地应用语音技术。神经网络技术较强的自适应性和容噪能力，可以更好地分析复杂关系，如空气污染、气象系统，分析不同污染治理方案的优劣等。

自然语言处理是人工智能技术突破的又一个重要领域，通过文本挖掘、自然语言处理等相关专业技术，能给环境政策制定者搜寻和筛选资料，并快速生成备选方案，从而给政策制定者以政策支撑，这促使环境治理政策响应时间更短的同时，时效性和精准性更高。

我们现在能准确地区分机器和人工的语音区别，但随着机器对语境的把握，机器语音与人类语音间的距离正在逐渐缩短，语音合成技术有着广阔的发展空间。在不久的将来，我们将彻底无法也无须再区分到底是机器在发音，还是人工在发音。

在语音技术应用方面，以苹果公司 Siri 为代表，在我国也有科大讯飞、云知声、盛大、捷通华声、搜狗语音助手、百度语音等采用最新语音技术的产品和服务。

Siri 是 Speech Interpretation & Recognition Interface 首字母缩写，是一种语音识别接口，后来成为苹果公司在 iPhone、iPad 系列产品上应用的便捷语音助手。利用 Siri，用户可读取手机短信，并可以命令手机介绍餐厅、天气情况或者用语音设置闹钟等，Siri 支持自然语言输入，然后按输入的语音指令调用系统日程安排、搜索资料、天气预报等，它还能通过学习新的声音和语调提供对话式应答，非常生动有趣。它让手机等移动设备瞬间变身为智能机器人，Siri 支持英、法、德等多种语言实时翻译功能，未来将陆续支持更多、更小众的语言。Siri 的智能化还会进一步提升，它将实现上下文预测功能，用户可以用 Siri 作为 Apple TV 的遥控器，用户通过声控、文字输入可以轻松地控制电视，还可以搜寻餐厅和电影院等生活类信息并收看相关餐厅和影院的评论，甚至能够订机票和车票，Siri 的其他与地域相关的服务能力也相当强大，它能依据用户默认的居家地址或当前所处位置来判断和过滤搜寻结果。不过，它最大的特色是人机互动方面。Siri 有十分生动、丰富的对话接口，能对用户询问对答如流，甚至能让人产生心有灵犀的惊喜。

另外，Siri 和系统的整合更加紧密。Siri 整合大量种类繁多的网络服务接口，现在，它常驻系统后台接管各种重要系统功能。截至 IOS 6.1 版本，Siri 已支持英文、中文、德文、日文、韩文、意大利文等多国语言。

第五节　VR、AR、MR 技术

1. 定义

VR（virtual reality）是虚拟现实技术，它是能够创建和体验虚拟世界的一种计算机仿真技术，其利用计算机生成交互式三维动态视景，使实体行为的仿真系统能给用户带来身临其境的沉浸感。

AR（augmented reality）是增强现实技术，它将虚拟信息与真实世界巧妙地进行融合，广泛运用传感、三维建模、实时跟踪及注册、智能交互、多媒体等技术手段，将计算机产生的图文、模型、音视频等虚拟信息按照一定的算法和规则进行模拟仿真，与真实世界互动，真实世界和虚拟世界两种信息互补，实现对真实世界的感知"增强"。

MR（mix reality）是混合现实技术。它同时包括了增强现实和虚拟现实技术，其合并现实世界和虚拟世界，产生新的可视化环境，并在新的可视化环境里实现现实和虚拟的共存、互动（图 5-12，表 5-4）。

2. 特征

(1) VR 的特征

VR 可模拟人类的感知，包括视觉、听觉、味觉、嗅觉等，目的在于在虚拟世界还原人在真实世界中的一切感知功能。其中，VR 最大的特征莫过于其存在感、互动性和多结局。

存在感是指让参与者在虚拟世界中找到在真实世界中不可能实现的生存和发展状态，从而极大地满足参与者的生理和心理诉求。未来理想的虚拟现实环境可逼真到让参与者难辨真假的程度，参与者在全身心投入虚拟世界时将混淆真实和虚拟。另外，当参与者沉溺虚拟环境过深时，如长期沉浸在虚拟现实游戏，生理和心理都会受到消极影响。参与者沉迷于虚拟环境里的满足感和存在感，不再愿意回到现实世界，影响参与者正常的学习、工作和生活，这是虚拟现实技术不得不考虑并加以防范的。

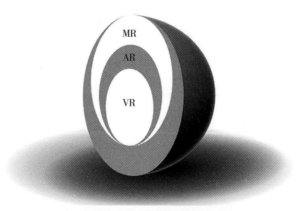

图 5-12　VR、AR、MR 的关系

表 5-4 云计算的发展史

项目	定义	原理	特点	真假世界	技术	人机互动	应用领域
VR	模拟一个三维的虚拟世界，在这个虚拟世界中，人们可以感受到视觉、触觉等方面的刺激。概括来说，就是使用VR工具，在虚拟世界的感受就像在现实世界一样	利用计算机生成一种模拟环境，一种多源信息融合的、交互式的三维动态视景和实体行为的系统仿真，使用户沉浸到该环境中。主要原理是构建一个虚拟环境	多感知性、存在感、交互性、自主性	虚拟世界，完全假的	仿真技术与计算机图形学、人机接口技术、多媒体技术、传感技术、网络技术等多种技术的集合	实现人机交互，存在多种感知，完全使人沉浸在虚拟世界之中	游戏、教育
AR	将虚拟信息显示在真实世界	将图像、声音和其他感官增强功能实时添加到真实世界的环境中	真实世界和虚拟世界的信息集成；具有实时交互性；在三维空间中增添定位虚拟物体	真实世界，叠加虚拟信息	多媒体、三维建模、实时视频显示及控制、多传感器融合、实时跟踪及注册、场景融合等新技术	智能性较低，不能人机交互，也无法使人忘记现实	全息显示、叠加画面
MR	虚拟现实和增强现实完美地结合起来，提供一个新的可视化环境。值得一提的是，在这个可视化环境中，物理实体和数字对象形成类似于全息影像的效果，可以进行一些图像交互行为	AR+VR	真实世界＋虚拟世界＋数字化信息	真实世界和虚拟世界的完美结合和互动	AR和VR技术的融合	可以	飞机制造、技术师培训、家庭装修、远程技术指导

互动性和多结局。虚拟现实不只是单纯的静态环境，它与真实世界一样，和参与者是实时互动的，参与者的行为影响虚拟现实的环境，虚拟现实环境变化又反过来影响参与者的决策，双方实时交互、互动发展。在不同的时间、不同的路径，即便是同一参与者在虚拟现实中也会有截然不同的结果。在真实世界，时间是单向前进的，空间是有限固定的，我们看不到我们另外的生存阶段、方式、空间、结果，但我们在虚拟现实中就能实现无限多的想法和结局。

（2）AR 的特征

AR 是真实世界和虚拟世界的信息融合。通过 AR 技术，我们能在真实世界添加各种各样不可思议的虚拟信息。例如，我们能把鲨鱼抓到我们的操场上，甚至如果你愿意，也可以接着把操场变成大海，让鲨鱼畅游其中。通过虚拟信息在真实世界的投放和集成，参与者能看到在真实世界里不可能看到、不可能发生的一切。

AR 具有实时交互性。AR 在三维空间增添虚拟物体，它的一个极具意义的应用就是利用 AR 技术购物和设计，让人足不出户就能达到比亲临现场还要好的体验。如人们无须去商场就可购置服饰，AR 技术根据个人的身材尺寸，绘制出自身的三维图像，把喜欢的衣服的三维信息叠加在身体三维信息之上，进行省力便捷的组合搭配，直到满意为止。

（3）MR 的特征

MR 是混合现实技术。MR 是虚拟现实技术发展的更高阶段，其最大的特点是真实世界、虚拟世界二者可以互动。相对于 AR 把虚拟世界的信息叠加在现实世界里，混合现实技术更倾向于把真实世界叠加到虚拟世界里。字面上看起来没有太大差别的两种技术，其基本原理、作用，有着巨大差异。但在有些场合下，AR 和 MR 的设备界限并不是绝对的。

MR 比 AR 的进步体现在建模方面。当 AR 将虚拟世界的影像、位置、空间等信息叠加投射到现实中时，只需要将现成的数字信息对应展示到现实物体中即可；但 MR 想要把现实世界往虚拟世界投射时，首先要把现实事物进行数字化、全息化。众所周知，摄像头拍摄的图像是二维的，因此 MR 技术的实现前提是 3D 动态建模。我们可以畅想一下，一位大飞机设计总工，在新型机的图纸上点击打开舱门、启动发动机，MR 技术就将这些动作的操作结果，实时而清晰地回馈给他，让他及早改进和优化自己的设计；我们知道，为保障车辆在高速行驶时的安全性，汽车制造企业必须为其做大量的碰撞试验，即便是精心设计的试验，每年、每一车型，还是会因为机械设计、工艺制造、操作习惯等问题，造成测试工程师的无辜伤亡，借助 MR 技术，工程师们可以在车里踩踩油门，在车辆并不前进的状态下，提前预知自己的驾驶结果，将结果传给相关部门进行分析和改进。

3. 应用进展和发展趋势

VR、AR、MR 技术在文娱领域、市场营销领域、旅游行业、医疗领域、工业领域等方面得到越来越广泛和深刻的应用。

文娱领域。VR 技术在娱乐游戏方面表现良好，它通过数学建模创造出逼真生动的虚拟世界，这些极具视觉冲击力的画面甚至远超现实环境，这让游戏者身临其境，在虚拟游戏中获取在现实世界中不能得到的满足感和成就感；长时间、高频率的文化学习对青少年来说不如游戏让人赏心悦目，但将 VR 技术应用到教育培训领域，就能让学生像玩游戏一样参与到学习之中，令人身心愉悦的学习环境可以激发学习兴趣，提高学习效果。

市场营销领域。购物时，我们都想知道所有商品的各种指标，如服装的颜色和款式，电子产品的外形和性能等，用其来跟自己的需求进行匹配。VR 技术能让我们足不出户就能实现高保真的购物体验。VR 通过手机、平板电脑等移动设备轻而易举地实现这一切。亚马逊是最早将 AR 技术和电商结合的企业之一，它开发的 AR 试装系统，让随时随地在线"试穿"衣服成为现实，为在线购物的消费者大大提升了购物体验，使之有效、有趣又便宜。宜家开发的 AR 装修程序，让客户不到店，仅用手机就看遍家具，还可以在程序上将家具搬回家匹配一下家里的环境，试着在家里摆一摆，这比在商场猜测和设想是否是自己想要的家具简单有效多了。AR 技术利用"试穿衣服""试用家具""试驾汽车"，为消费者优化了体验，也为商家节约了成本。

旅游行业。现在很多旅游景点用 AR 技术让游客事前对景点进行身临其境的体验和了解后，再决定游览目的地和如何开始观览。例如，故宫博物院、甘肃省博物馆都已经引入 AR 技术。游客用手机摄像头识别文物时，文物便被"激活"，就像仰韶文化彩陶盆上的鱼纹便可以"游动"，同时还能讲述这个彩陶盆在它的年代里是如何的典雅安详，以及经过种种变迁如何到了游客面前，这无疑大大提高了游客的观展体验。

医疗领域。虽然 VR、AR、MR 技术尚处在发展的初级阶段，我们已经可以体验到它们的卓越表现，在未来，这些技术会在越来越广泛的领域有越来越深入的应用。众所周知，我国各专业顶级医疗专家资源稀缺，医疗专家和高精尖医疗设备集中分布在经济发达地区的三甲医院，中西部医疗资源明显匮乏。未来可通过 AR、MR 技术，将虚拟和现实相结合，实现远程诊断治疗。

工业领域。工业领域的很多作业环境复杂而危险，这正是 VR、AR 技术大显身手的场所。通过采集现实环境的数据，可以进行算法建模，这让工程师和作业工人在作业前就清楚问题所在，再通过无人机等进行现场拍照取证，使疑难杂症轻而易举就能得到处理；在工业领域工厂建设规划、员工培训、产品推销等方面，AR、VR、MR 更是大有用武之地。在未来，面对危机、危险、复杂的作业环境，可以通过远程遥控的方式聚集多位技术专家统一指导，这能大大提升效果和效率。以大众集团 VR 培训为例，大众在 2016 年启动 VR 培训试点，通过 VR 硬件和软件模块对制造部门与物流部门员工进行培训。在 VR 中，可以通过建模，对每个人进行培训，可以以非常低的成本扩大培训规模，同时提升培训效率（图 5-13）。

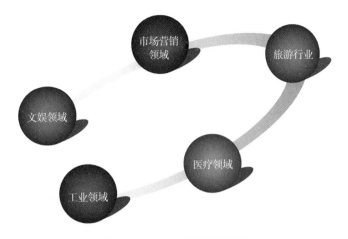

图 5-13　VR 应用领域举例

第六节　5G 技术

1. 基本概念

5G 是指第五代移动通信标准，或称第五代移动通信技术。新一代的 5G 网的理论传输速度超过 10Gbps，这相当于下载速度 1.25GB/s。就像摩尔定律的影响一样，5G 通信技术将导致翻天覆地的变化。同时，随着人工智能的快速发展，人们要求网络通信速度更快、更稳、更安全，庞大的市场需求极大地推动了 5G 发展。未来，5G 将在远程医疗、大数据传输等方面发挥越来越重要的作用。

自 20 世纪 80 年代初引入 1G 以来，约每 10 年就会发布一种新的、更先进的无线移动通信技术，这些移动运营商和设备本身使用的新技术具有更快的速度、更多的功能，大大改进上一代产品。

1G 是第一代无线蜂窝技术，始于 20 世纪 80 年代。1G 技术的最高速率为 2.4kbit/s，1G 技术仅支持语音呼叫应答，是模拟技术，那时的手机电池寿命短、语音质量差、安全性差、通信不稳定。

2G 是第二代手机通信技术，使之前在手机上无法直接传送的电子邮件、软件等信息得以传送。2G 时代的数据传输速率可达 1 Mbit/s。手机也从模拟通信跃升到数字通信，2G 技术还引入文本加密、SMS、图片消息、MMS 等新的数据服务，给日常生活和工作带来便利。

3G 第三代移动通信技术支持高速数据传输，也叫蜂窝移动通信技术。3G 网络带来了更快的数据传输速度，支持同时传送声音形式的数据信息，速率达几百 kbit/s，下行速度可达 150 ~ 200 kbit/s。3G 有 CDMA2000、WCDMA、TD-SCDMA、WiMAX 等 4 种标准。3G 支持视频通话和移动互联网接入。

4G 是第四代移动通信技术，2008 年发布的第四代网络带宽更高，能传输更高质量的视频及图像。4G 网络能以 100 Mbit/s 的速度下载，上传速率达 20 ~ 50 Mbit/s。4G 有着不可比拟的优越性，价格与固定宽带网络不相上下，且计费方式灵活机动。4G 可以在 DSL 和有线电视调制解调器没有覆盖的地方进行部署，再扩展到整个地区。它满足游戏服务、高清移动电视、视频会议、3D 电视及其他需要高传输速度的功能，最大网速可达 100 Mbit/s。

5G 是第五代移动通信及其技术。5G 是目前最新最先进的在研移动网络通信技术，并正在逐步应用于实践，5G 拥有更大的容量、更快的数据处理速度，通过手机及可穿戴设备和其他联网硬件推出了更多新服务。5G 的容量预计是 4G 的 1000 倍，4G 网络不能实现在手机上实时在线玩游戏，但 5G 网络却可以。另外，4G 网络是专为手机设计的，当时没有为物联网预留接口。基于 5G 的 SA 架构采用虚拟化和软件定义网络的技术，让运营商在一个物理网络上切分多个隔离、虚拟、专用、按需定制、端到端的网络，网络切片由接入网接入，通过传输网传到核心网，实现逻辑隔离，达到灵活适配各种类型的业务需求，在无须为每个服务重复建设专用网络的情况下实现一网多用，极大降低成本。

2. 5G 特征

5G 具有按需部署、按需隔离、端到端 SLA 保障、运维自动化等优势。5G 切片网络的目标架构包括商业层、切片管理层、网络层。商业层为垂直行业客户提供切片设计服务及购买入口；切片管理层提供跨域的切片调度、管理和实例化；网络层就是支撑上层应用的物理设备和逻辑功能模块。

5G 技术为物联网提供了超大带宽。5G 与 3G 和 4G 相比，速度和应用范围都发生了重大变化。在速度方面，3G 是 1 ~ 6 Mbit/s，折合下载速度为 120 ~ 600 kbit/s；4G 是 10 ~ 100 Mbit/s，折合下载速度为 1.5 ~ 10 Mbit/s。而 5G 将比 4G 快 10 ~ 100 倍，更快的速度也将提升网络容量。在应用范围方面，3G 核心为"人对人"，4G 核心为"人对信息"，而 5G 核心为"人对万物"，其会成为一个普及、低时延、高适应性的平台，将给智慧农业、智慧城市、智慧工业、自动驾驶等行业带来颠覆式的影响。

按需部署：5G 网络采用基于云的服务化架构，5G 核心网会根据不同业务和不同服务等级要求（SLA）对网络功能自由组合，并可以灵活编排，筛选网络功能部署在不同层级的 DC 数据中心。

按需隔离：5G 网络切片是一个逻辑隔离的网络，切片可根据不同应用按需提供部分隔离、逻辑隔离、独立的物理隔离，在将来使用时，可根据行业特性，在综合考虑投资成本基础上做出最优选择。

端到端 SLA 保障：网络的 SLA 是指不同的网络能力要求，网络切片需端到端网络进行 SLA 保障。无线传输网用于保障和调配资源，核心网为不同业务提供差异化的网络服务能力及业务体验。

运维自动化：5G 网络包含很多网络切片，管理维护极其复杂，须提供全生命周期自动化运维的能力。

3. 5G 市场

纵观全球竞赛格局和中国 5G 市场，2017 年我国政府工作报告指出："全面实施战略性新兴产业发展规划，加快新材料、人工智能、集成电路、生物制药、第五代移动通信等技术研发和转化，做大做强产业集群。"这是政府工作报告首次提及第五代移动通信技术，政府工作报告专门提到 5G，体现了国家对于发展 5G 的决心已上升到国家战略层面。

一方面，5G 技术前景广阔。虽然 5G 离正式商用仍需时日，5G 标准也尚未确定，但毫无疑问，在 5G 标准制定中掌握话语权必将在新一代移动通信技术革命中占据绝对优势。

另一方面，我国在 5G 战略制高点的争夺中任重道远。截至 2015 年 4 月 1 日，在中国提交关于 5G 技术的专利申请总计 211 件，在美国提交的专利申请总计 179 件。全世界范围的主要申请人中，提交 5G 专利申请数最多的是日本电报电话公司（NTT），提交 61 件；韩国三星位居第二，提交 53 件；美国阿尔卡特朗讯公司作为传统通信业的领军企业，提交 41 件；我国华为提交专利申请 30 件，同时，东南大学、中兴通讯、电信科学技术研究院等，对 5G 技术也有一定专利积累。

相较于我国在 2G 时代技术全面落后的消极局面，5G 时代来临时，以华为、中兴、大唐等为代表的中国企业已迅速缩小了与世界先进水平的差距。目前，全球共有 8 个 5G 研究中心——4 个在中国，3 个在美国，1 个在欧洲。但从 5G 整体产业链来看，我国在专利技术、操作系统、芯片等基础和综合层面与美国等发达国家有一定差距，在通信领域，中国此前一直扮演追随者角色，在 5G 这个重要的产品上已开始有反超迹象。

中国信息通信研究院《5G 经济社会影响白皮书》预测，到 2030 年，5G 带动的直接产出、间接产出将分别达 6.3 万亿元和 10.6 万亿元。在直接产出方面，按 2020 年 5G 正式商用算起，预计当年便带动达 4840 亿元的直接产出，2025 年和 2030 年将分别增长到 3.3 万亿元和 6.3 万亿元，10 年复合增长率达 29%。在间接产出方面，2020 年、2025 年和 2030 年，5G 将分别带动 1.2 万亿元、6.3 万亿元和 10.6 万亿元产出，10 年复合增长率达 24%（图 5-14）。

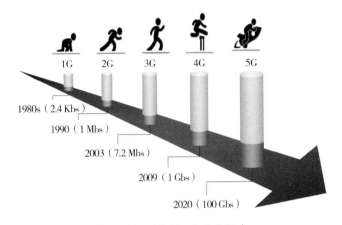

图 5-14　1G 到 5G 的发展史

4. 应用进展和发展趋势

5G 技术可以使目前的网络容量和速度发生质的变化,网络可以更好地服务于人们的生产、生活,5G 技术在物联网、医疗等领域造成的巨大影响更是不可小觑。

物联网领域。我们正逐渐进入物联网时代,将享受万物互联给我们日常生活带来的巨大便利。例如,5G 技术在自动驾驶中的应用取得了突破性进展,除了在单台汽车中应用自动驾驶技术,未来在汽车与汽车、汽车和数据中心、汽车和其他智能设备、汽车与道路周边的智能设备等都要进行通信。自动驾驶汽车逐渐全方位取代人类驾驶,实现更高级别的自动驾驶,同时,利用车辆定位信息、交通数据、天气数据等,为汽车规划最优驾驶路线,实现自动驾驶和智能交通相结合。实现这一切的前提是将时时交互传输中超出想象的数据量问题解决,这就需要 5G 技术保驾护航。

医疗领域。5G 技术会改变各行各业,5G 医疗健康就是 5G 技术在医疗健康行业的一类重要应用。随着 5G 正式商用,以及与大数据、互联网、人工智能、区块链等前沿技术的整合,5G 医疗健康呈现出强大的生命力和影响力,在推进深化"医卫"体制改革、加快健康中国建设、推动医疗健康产业发展中起到重要的支撑作用。医疗领域对网络传输的时间响应要求极高。例如,远程医疗对

5G 有极高的要求。目前，实施跨越国界远程手术需租用价格昂贵的大容量线路，手术设备发出的指令出现延迟就意味着巨大风险，随着 5G 技术的发展，可以将手术"指令—响应"时间接近于 0，大大提高了医生操作的精确性。

5. 5G 案例

港口行业。德国汉堡港占地近 8000 公顷，并拥有复杂而密集的交通网，包括水路、道路、118 座桥梁、300 千米铁路。随着汉堡港规模扩大，预测集装箱海运量将翻一番，这对其发展提出了更高要求。需整体优化海上水面运输网络及航线，需控制港陆的车辆运输，需建立有效机制跟踪货物并主动预测货物高峰，需用新手段提供远程技术支持并快速响应，以应对突发的紧急事件。2018 年，汉堡海港局在德国汉堡港的真实工业环境中试用了 5G 技术（图 5-15）。

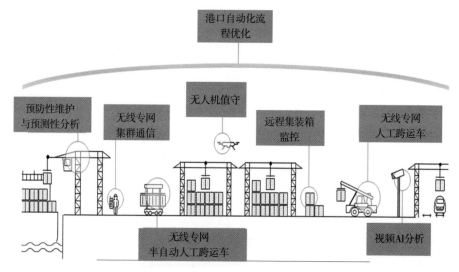

图 5-15 港口 5G 应用示范场景

方案实施后，在通信网络试运营的 1 年中，优势正逐步凸显。相较于之前，现在的水面港口货物吞吐量已大幅提高，增加超 25 000 泊位的利用次数，港口集装箱吞吐率增加 10%；地面车辆运行效率明显提高；新系统通过多样化的传感器实时收集和处理环境数据，降低 30% 人力的同时货损率降低 90%；每辆跨运车的年可利用时间增加超 49 小时；大幅降低了人力审查成本和高达 15% 的维护开支；基于 AR/VR，实现了远程故障监控和指挥；基于无人机空域监测，实现了资产监测简化和应急快速化。

电力行业。随着我国电力行业大规模配电网的分布式能源接入、低压集抄、自动化、用户双向互动等业务的暴涨，电网设备、电力终端、用电客户的通信需求同步增长。因此，迫切需要重建或升级技术先进、安全可靠、性能稳定、运行高效的无线通信网络来进行支撑。5G 网络因能更好地支撑智能电网的发展需求，被广泛应用于电网的典型业务上。中国南方电网已完成全球首例 5G 智能分布式配网，测试结果显示其时延骤减、网络授时精度剧增，可快速实现配网线路区段和配网设备的故障判断和定位，并自动快速隔离配网线路故障区段或故障设备，使供电恢复时间从"分钟"骤减到"秒"级。呈现出采集频次提升、采集内容丰富、双向互动三大趋势。

医疗行业。2019 年，一名中国外科医生用 5G 技术实施了全球首例远程外科手术。医生在福建省操控 48 千米外偏远地区的机械臂进行手术。5G 技术大大提高了医生操作的精确性。将来，患者的危重手术可通过远程医疗快速进行。借助于 5G 网络，延时仅有 0.1 秒，5G 技术能大幅减少下载时间，从每秒约 20 MB 上升到每秒 5×10^4 MB 字节，5G 技术使专业外科医生为世界各地有需要的人实施手术带来希望（图 5–16）。

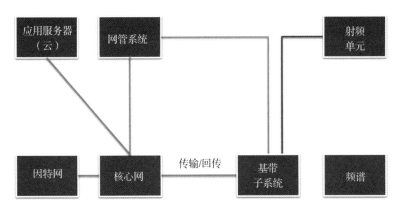

图 5–16　5G 在医疗领域应用的技术架构

在医疗领域，5G 的用武之地还远远不止这些。

①远程会诊。我国地域辽阔，医疗资源严重分布不均，导致农村或偏远地区难以获得及时、高质量的医疗服务。传统的远程会诊采用有线连接方式可进行视频通信，具有建设和维护成本高、移动性差的劣势。而利用 5G 网络高速率的特性，远程高清会诊和医学影像数据的瞬时传输与共享得以实现，专家能随时随地开展会诊，大幅提升诊断准确率和效率，促进优质医疗资源下沉，加速资源均等。

②远程超声。超声检查很依赖医生的扫描手法，扫描探头类似于医生做超声检查时的眼睛，不同医生有自身的手法习惯，也导致选取扫描切面诊断患者的检查结果也有偏差。基层医院缺乏优秀的超声医生，能实现高清无延迟的远程超声系统能充分发挥优质医院专家优质诊断能力，实现跨区、跨院的业务指导和质量管控。5G 的超低时延特性，完全能支持这种远程超声检查。解决了建设难度大、成本高、数据传输不安全、远程操控时延高等问题。

③远程手术。利用医用机器人和高清音视频交互系统，远端专家可对基层医疗机构患者进行及时的远程救治。5G 网络降低手术室复杂度、网络的接入难度和建设成本，快速建立医院间的通信通道，从而有效保障远程手术的稳定性、实时性和安全性，实现跨地域远程精准手术操控和指导。另外，在战区、疫区等特殊环境下，利用 5G 网络有利于快速搭建远程手术所需通信环境以提升医护人员的应急能力。

④应急救援。通过 5G 网络实时传输医疗设备监测信息、车辆实时信息，便于实施远程会诊和远程指导，对院前急救信息进行采集、处理、存储、传输、共享，充分提升管理救治效率。服务端更是可以基于大数据技术分析挖掘和利用医疗信息数据的价值并进行应用、评价、辅助决策，服务于急救管理与决策。

⑤远程监护。依托 5G 网络低时延和精准定位能力，在使用过程中支持可穿戴监护设备持续上报患者信息，进行生命体征等信息的采集、处理、分析，并供远端监控中心医护人员实时了解患者状态，及时做出病情处理。

⑥智慧导诊。通过部署，医院采用云—网—机结合的 5G 智慧导诊机器人，基于 5G 网络强大的边缘计算能力，提供基于自然语义分析的人工智能导诊服务，可以改善服务环境，提高医院的服务效率。

⑦移动医护。通过 5G 网络，实现影像数据和体征数据的移动化采集、高速传输、移动高清会诊，提高查房和护理服务的质量和效率。在放射科病房、传染科病房等特殊病房，医护人员还可以控制医疗辅助机器人，使其移动到指定病床完成远程服务，保护医务人员的安全。

⑧智慧院区管理。利用 5G 网络支持海量连接的特性，构建物联网，将医院海量设备等资产有机连接，实现医务人员管理、设备状态管理、患者体征实时监测、医院资产管理、院内急救调度等服务，提升医院管理效率和患者就医体验。

⑨ AI 辅助医疗。5G 智慧医疗解决方案以 PACS 影像数据为依托，通过大数据＋人工智能技术方案，构建 AI 辅助诊疗应用，对影像医学数据进行建模，对病情进行分析，为医生提供决策支撑，提升医疗效率和质量，能够很好地解决我国在医学影像领域存在的诸多问题。

第七节　无人机

1. 无人机定义

无人机（UAV）是利用无线电遥控设备和自备程序控制装置操纵的不载人飞行器，是无人驾驶飞行器的统称。从技术角度可以分为无人固定翼飞机、无人垂直起降飞机、无人飞艇、无人直升机、无人多旋翼飞行器、无人伞翼机等。无人机按用途分为军用和民用，它比载人飞机体积小、造价低、使用方便。

2018 年 9 月，世界海关组织协调制度委员会（HSC）第 62 次会议决定，将无人机归类为"会飞的照相机"，无人机从此获得了国际市场"通行证"。与传统的有飞行员驾驶的飞机相比，无人机更适合多次重复、环境恶劣、危险的任务。

军用无人机分为侦察机和靶机。在军事上，无人机的概念在20世纪20年代就提出过，之后又经历了第二次世界大战等战争，使无人机总是最先与战争联系在一起。无人机在军事方面被用于到敌方控制区和危险区域去侦察、投弹等，以减少己方人员伤亡等战事损失。

民用无人机更是在各行各业都开始广泛应用。尤其最近10多年，伴随着人工智能的飞速发展，无人机技术也得到高速发展。无人机在农业、地理测绘、电力巡检、野生动物保护、灾难救援、传染病监控、快递、文娱、航拍、新闻报道等领域的应用，大大拓展了它的价值。

2.无人机技术原理

与其他人工智能技术相比，无人机的技术原理较简单，易于理解（图5-17）。

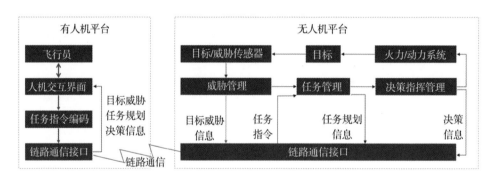

图5-17 军用无人机与有人机平台对比

大型军用无人机的飞行原理和民航机及战斗机一样，只是重量更轻，无人机起飞后采用太阳能作为能源，这使得无人机获得了在天上持续飞行的能力，可以不间断地持久续航，执行侦察、投弹等任务。军用无人机靠预设的程序，搭载成像设备、传输设备等各种先进设备，精确定位目标后与控制台实时双向传输数据及图像信息。

民用无人机和大型军用无人机有着根本区别。民用无人机目前采用四旋翼的飞行方式，这有点类似于小孩搓动竹蜻蜓使其旋转产生升力的道理，当升力和重力相平衡时，无人机就在空中悬停，此时可执行拍照等各种作业，无人机也可与控制台进行数据的实时双向互传和交流。

3. 应用进展和发展趋势

无人机被广泛而深入地应用于工业巡查、灾害抢救、农林、环保、遥感测绘、娱乐快递等领域（图5-18）。

工业巡查。石化系统和电力系统都需要做各种巡检。为保证石化系统石油输送管道的安全，防止原油泄漏，需调派很多人力在交通极为不便且人迹罕至的荒郊野外实行定期巡检；而电网系统人工巡线更艰苦，电网铁塔建在没有山路的大山上，巡视人员要爬上高高的铁塔，高空作业非常危险，遭遇严寒酷暑、大风雷暴更是苦不堪言。而利用无人机后的巡查将变得非常容易。装配有高清摄像机、GPS系统的无人机，沿着石油管道、电网铁搭，开展定位自主巡航，实时回传数据、图像、音视频等信息，监控人员足不出户，坐在舒适的办公室在电脑或手持设备上就可以同步收发信息并操控指挥，大大提高了巡线的工作效率、安全性、准确性。随着云计算的发展，无人机已能对简单故障进行识别、分析和处理。

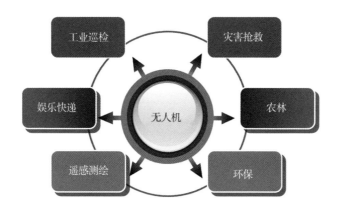

图 5-18　无人机应用领域

灾害抢救。人类在自然灾害面前，往往感到无助和恐惧，渺小和无力。近百年来，自然环境恶化，全球范围的地震、泥石流、洪水、海啸时有发生。专业救援队伍要尽快赶到灾难现场，但经常出现完全无从下手、无法救治的情况。此时，抢险无人机将发挥重大作用。无人机在人和常规救援器械无法到达或者无法工作的区域，可实时传出清晰数字、音视频等信息供救援人员使用。灾难遇险人员的准确定位、身体状况、被困情况等信息有助于救援队伍预制有效方案。在巴黎圣母院火灾中，中国的大疆无人机由于技术先进，率先准确地捕捉到起火点，为帮助救援人员制定最佳灭火方案立下了汗马功劳。

农林领域。在农业种植发展到规模化的当前，无人机的优势正逐渐凸显。集成高清数码相机、光谱分析仪、热红外传感器等装置的农业无人机，在监控植物生长及病虫害发生情况、监控和预测自然灾害、农药泼洒等场景下能发挥既高效又节约的优势。无人机被广泛应用于农业保险定损理赔，保证了农民利益；林业无人机对森林火险起到很好的预防作用。2015年2月，美国权威商业杂志《快公司》评选出2015年十大消费类电子产品创新型公司，其中就包括谷歌、特斯拉、大疆，中国的大疆公司在2015年年底推出的智能农业喷洒防治无人机，正式进入农业无人机领域。

环保领域。随着国家对环境保护的要求日趋严格，投入环境治理的人力、物力日趋庞大，环保无人机在环保监测、环境执法检查等方面的应用正日趋成熟。环保监测包括土壤污染情况、河流水质情况、空气污染情况、空气雾霾情况等，环保无人机可24小时全方位实时监测；环保部门在进行环境执法检查时，可对企业废水废气偷排偷放、不达标排放等情况进行实时监督。

遥感测绘。大规模测绘的传统方式是利用卫星，而现在遥感测绘无人机可便利地对各区域进行测绘。如在风力发电中，在建风电场前，可对区域地形地貌、一年四季的风力变化、可能的地质情况等信息精确测量，做出最佳风机布局。解决了风电场区域分布广阔、山路艰险困阻、人力测绘举步维艰等问题，它能很好地完成测绘工作，为风机布局提供准确翔实、高效完整的资料。国内的金风科技在智能风场的建设方面走在世界前列。无人机在产权确定方面也发挥着重要作用，小到农村的宅基地产权确定，大到国家边境线的确定及巡视，都离不开无人机的身影。我国测绘无人机已广泛应用到航拍、遥感测绘、森林防火、电力巡线、搜索及救援等领域。

娱乐快递领域。无人机在影视制作领域也大显身手，无人机搭载着高清摄像机，能以各种高度、角度完成影视拍摄任务，超越了所有摄影师。在进行奥运会现场、钱塘江大潮等一些规模宏大的纪实类拍摄时，以及在制作城市街景地图时，无人机按程序设计进行排列组合，成千上万架无人机在夜空制造出亦真亦幻的效果。在快递领域，亚马逊、阿里、京东、顺丰等企业已推出无人机送货服务，解决了偏远地区"最后一公里"中送货量小、须按时送达的问题，大大节省人力、物力的同时，提高了快递员的安全性（图 5-19）。

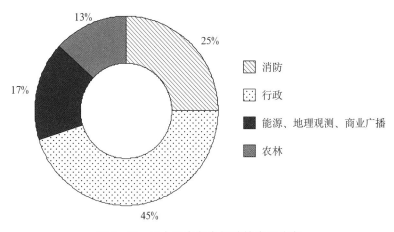

图 5-19　无人机在各个领域的应用分布

第八节　超级计算机和芯片

1. 超级计算机

超级计算机是指信息处理能力比一般的个人电脑快 1 ～ 2 个数量级以上的计算机，在密集计算、海量数据处理等领域，超级计算机正发挥着举足轻重的作用。

超级计算机强大的算力，已被广泛应用于气象模拟、环境保护、建筑模拟仿真、市政设施、环卫、农业中。

2. 芯片

芯片即集成电路（integrated circuit），是将经设计的大量微电子元器件（如晶体管、二极管、容阻等）集合，放置在"塑基"上焊接制作而成。芯片正广泛应用于各个行业，是典型的高技术附加值产品，技术门槛极高，甚至一些核心芯片全球只有 1～2 家能设计和制作。芯片是人工智能战略的核心、基础和制高点，产业链由芯片设计、芯片制造、芯片封装和测试、芯片专利 4 个方面构成。

2019 年 5 月 17 日，网上《海思总裁致员工的一封信》开始广为流传，华为卧薪尝胆多年的成果，对操作系统和芯片高瞻远瞩的计划浮出水面。当我们为华为的精彩战略喝彩时，更要静心思虑。我们必须进一步认识到，经济领域的市场竞争是全方位的，高端前沿技术是钱买不到的，我们必须下定决心，全力以赴地投入人力、资金、时间，必须在人工智能领域尤其在以芯片硬件、产品标准、软件系统等为代表的核心产品和技术上，拥有自己的完全产业链，才能不受制于人。

3. 政策和市场

我国为推动集成电路产业的发展，加紧出台了一系列实施细则，并组织实施了国家科技重大专项。2014 年 6 月，经国务院批准，工业和信息化部会同有关部门发布的《国家集成电路产业发展推进纲要》是今后一段时期指导我国集成电路产业发展的纲领。2015 年 5 月公布的《中国制造 2025》，更是将集成电路放在发展新一代信息技术产业的首位。

《中国制造 2025》提出，到 2020 年，我国芯片自给率应达 40%，2025 年达 50%，接下来的 10 年我国将升级为全球半导体行业发展最快的地区，到 2030 年，伴随全球集成电路厂商在中国建厂的潮流，我国同时成为全球半导体生产中心和应用中心将是大概率事件。我国是芯片消费大国，同时是芯片制造大国，但不是芯片制造强国，我国的芯片制造很多是代加工，而不是利用先进技术进行核心芯片设计、制造，芯片的核心技术和核心专利依旧掌握在美、日、韩等公司。

2016 年，中国进口的芯片价值约为 1590 亿美元，约占全球芯片价值的 45%。过去 10 年，中国的芯片进口总额高达 1.8 万亿美元。芯片不仅进口额高，且依赖进口的比例非常高。在中国国内市场，约有 90% 的芯片来自进口。严重依赖进口的局面，使国内相关产业的发展受到一定限制。

在手机芯片方面，现有的全球主流手机厂商大多与美国高通存在合作协议，中国的 OPPO、华为、小米等，也与其签订了付费专利许可。手机终端商要使用高通芯片，在支付芯片购买费用外，还需缴纳专利使用费。即便不使用高通芯片，企业仍需定期报备手机出货情况给高通，同时缴纳专利费。据美国高通财报，2016 年其总收入中，高达 57% 来自中国市场，从中国市场获取的净利润达 57 亿美元。

4. 全球芯片竞争格局

中国芯片未来的发展全球瞩目，如何突破"缺芯"困境，实现国产自主可控替代化的发展，关乎中国科技发展的未来。

全球芯片设计公司中，美国高通、中国台湾联发科技、韩国三星位居世界前列。制造业企业中中国台湾台积电、中国台湾台联电位居前茅，封测企业中，中国台湾日月光集团是全球较优秀的公司。

中国芯片产业链各企业中，设计类公司主要有兆易创新、景嘉微、紫光国芯、中科和华为；制造类公司主要有士兰微、中芯国际；封测类公司主要有长电科技、通富微电、华天科技、太极实业；设备类公司主要有至纯科技、北方华创；材料类公司主要有江丰电子、南大光电、中环股份等。

第九节　神经网络和深度学习

1. 定义

"人工神经网络（artificial neural networks, ANNs）简称神经网络（NNs）或连接模型（connection model），它是一种模仿动物神经网络行为特征，进行分布式并行信息处理的算法数学模型。这种网络依靠系统的复杂程度，通过调整内部大量节点之间相互连接的关系，从而达到处理信息的目的。人工神经网络技术是人工智能未来向智能化深入发展最为重要的技术之一。"

——《神经网络》，作者为侯媛彬、杜京义、汪梅

"深度学习（deep learning）是机器学习的一种，而机器学习是实现人工智能的必经路径。深度学习的概念源于人工神经网络的研究，含多个隐藏层的多层感知器就是一种深度学习结构。深度学习通过组合低层特征形成更加抽象的高层表示属性类别或特征，以发现数据的分布式特征表示。典型的深度学习模型包括卷积神经网络模型、深度信任网络模型、堆栈自编码网络模型。"

——百度百科释义

"深度学习（deep learning）是机器学习拉出的分支，它试图使用包含复杂结构或由多重非线性变换构成的多个处理层对数据进行高层抽象的算法。深度学习是机器学习中一种基于对数据进行表征学习的方法。观测值（如一幅图像）可以使用多种方式来表示，如每个像素强度值的向量，或者更抽象地表示成一系列边、特定形状的区域等。而使用某些特定的表示方法更容易从实例中学习任务（例如，人脸识别或面部表情识别）。深度学习的好处是用非监督式或半监督式的特征学习和分层特征提取高效算法来替代手工获取特征。"

——知乎百科释义

2. 技术原理

1943 年，心理学家 W·Mcculloch 和数理逻辑学家 W·Pitts 在分析、总结

神经元基本特性的基础上，首次提出的神经元数学模型被沿用至今，直接影响这一领域研究的进展。他们两人被称为"人工神经网络研究的先驱者"。神经网络已经历了从高潮到低谷，再到高潮的曲折过程。

我们模仿人类的大脑，把深度学习分为抽象逻辑思维、形象直观思维、灵感顿悟思维 3 种。在人工神经网络之前，计算机技术遵守冯·诺依曼的逻辑思维方式，用 0 和 1 表示一切因果关系，没有形象直观思维的能力，而人工智能神经网络更模拟人的思维方式。人工智能是一个非线性动力学系统，其特色是信息分布式存储、并行协同处理。虽然单个神经元简单且功能有限，但当大量神经元构成网络系统时，它所能实现的行为就极为丰富。这形成了类似人类大脑的自我组织、自我适应、自我学习能力，在学习或训练过程中通过改变突触权重值来适应周围环境的要求，计算能力远超人类设计者。通过神经网络技术，计算机能达到人类大脑所达不到的程度，计算机在围棋博弈中完胜人类，就是神经网络技术良好的体现。

计算机深度学习的目的是让机器能够像人一样能有分析和学习的能力，能识别文字、图像、声音，在准确度、效率上超越人类。深度学习是复杂的机器学习算法，是神经网络技术的重要应用，是在学习样本数据的基础上，比人类大脑更智能、更复杂、更迅速、更有效的算法。

3. 神经网络技术在人工智能中的应用

神经网络技术在人工智能领域发挥的作用越来越重要，在模式识别、搜索引擎、自动翻译、气象环保、遥感监测等领域得到广泛应用。

机器学习可被用来进行气象环保中的大数据分析，通过整合遥感图像、动态监测点数据、传统断面数据，最终达到准确识别跨流域、跨时空污染源及影响范围。通过对数据进行预处理、筛查和校正，提高污染指示指标的准确性，从而增强从海量数据中获取有效信息的能力（图 5-20）。

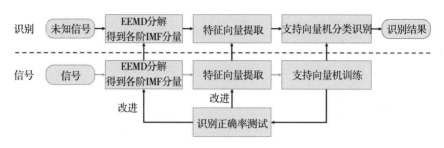

图 5-20 神经网络的模式识别框架

（资料来源：网络）

神经网络技术和深度学习算法已应用到模式识别领域，甚至在图像识别、人脸识别等方面均有广泛应用且能力已远超人类，基于足够多的样本容量，神经网络技术可准确识别出物体的细微特征。模式识别在障碍物识别、危险预警、社会治安、罪犯追逃、刷脸支付等方面广泛应用，提高了工作和生活效率。2015 年，微软亚洲研究院视觉计算组在图像识别比赛中夺冠，将系统错误率降至 3.57%，超过人眼（图 5-21）。

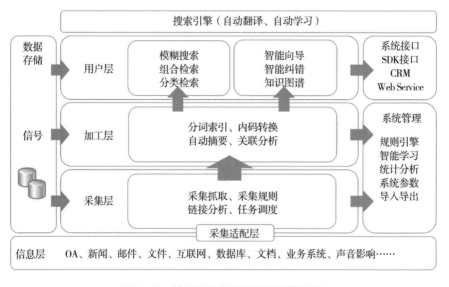

图 5-21 神经网络的智能搜索引擎框架

（资料来源：网络）

搜索引擎、自动翻译和学习领域也深度应用了神经网络技术和深度学习算法，在我们的工作和生活中，神经网络和深度学习已经无处不在。我们用计算机搜索资料，翻译资料。之前我们搜索资料很困难，因为内容少，并且搜索到的也不尽然是我们预期的。原来的计算机在线翻译让我们十分痛苦，因为在线翻译仅是简单的单词叠加，而没有对语法、语义的考虑。而利用计算机学习时，计算机也不会区分学习者是什么对象，给出的是标准化的学习内容。人工智能发展到现在，计算机越来越智能，通过少许信息，计算机能很快拼出你大概需要的图像，然后根据你的访问印记，越加清晰地指导你的需求，给你提供真正需要的信息。

4. 应用案例

【案例1】果蝇大脑研究

多年来，科学家们梦想通过绘制完整的大脑神经网络结构，最终了解神经系统的工作原理。最近科学家们在研究果蝇大脑，果蝇的大脑相对较小，只有10万个神经元，而老鼠大脑有1亿个神经元，人类的大脑有1000亿个神经元。选择果蝇为研究对象也是基于果蝇大脑的简单结构。

Google AI与霍华德·休斯医学研究所（HHMI）和哈佛大学一起，用数千个TPU重建了果蝇大脑。他们公开了果蝇的大脑模型，公众能下载或在线查看果蝇大脑神经网络的3D图像。这次实验将庞大的数据做到可视化并实现交互，这是历次研究中的重大突破。

重建果蝇大脑的过程大概分如下几个步骤：首先，将果蝇大脑切片，切成几千张厚约40纳米的薄片，再用透射电子显微镜对切片成像；其次，将二维图像层层拼接，组合成三维图像。之前，学者和机构也曾尝试通过类似方法对果蝇大脑进行重建，但在拼接中不可避免地出现误差，如同我们用锋利的刀切西瓜，再把西瓜薄片叠加起来，这个过程必定有果肉组织被刀刃带走。

使用神经网络模型及机器学习，可追踪有缺失的切片，让图像完美拼接。这其中使用到名为FFN（feed for ward neural network）的神经模型，即前馈神经网络。数千张 40 纳米薄的切片，产生共计 40 万亿像素的图像，处理如此巨大的数据，研究人员需要使用上千个云 TPU；此次通过庞大的神经网络和机器学习绘制的果蝇大脑，重建了有史以来最清晰的果蝇大脑。但我们同时也意识到，研究果蝇大脑的神经网络也仅是万里长征开始的一小步，从果蝇大脑到人类大脑，我们还有遥远的路要走。

【案例 2】棋类人机大战

美国 IBM 公司生产的一台超级国际象棋电脑——深蓝重达 1270 千克，含 32 个相当于人脑的微处理器，这台机器每秒能计算 2 亿次。科学家们向深蓝的"大脑"中输入近 100 年来所有优秀棋手的对局，共约 200 多万局。深蓝是并行计算的电脑系统，还加装 480 颗特别制造的象棋芯片。其中，运行在 AIX 操作系统上的以 C 语言写成的下棋程序，在 1997 年版的深蓝机器中，运算速度达 2 亿步每秒，这比 1996 年版翻了一番。1997 年的深蓝在世界超级电脑中排名第 259 位，计算能力为每秒 113.8 亿次浮点运算，可向后搜寻 12 步棋，而人类象棋高手约可估计随后 10 步棋。

1996 年 2 月 10 日，超级电脑深蓝首次挑战西洋棋的世界冠军卡斯帕罗夫，但以 2∶4 落败。比赛于 2 月 17 日结束。后续研究小组把深蓝进行改良，并最终在 1997 年 5 月 11 日再次与人对弈，这是人与计算机挑战赛史上历史性的一天，计算机在正常时限的比赛中，首次击败世界排名第一的棋手。加里·卡斯帕罗夫以一胜二负三平的成绩即 2.5∶3.5 输给深蓝，此次机器的胜利标志着神经网络和深度学习在国际象棋对弈中进入了历史新时代。人类开始猜测，计算机什么时候会战胜人类的围棋冠军，到那时，可能就是计算机超过人类智慧的真正时刻了。几乎所有人都相信，计算机在围棋上战胜人类是必然的，只是不知道时间而已。

直到多年后的 2016 年 3 月，答案终于揭晓，AlphaGo 与围棋世界冠军、韩国的职业九段棋手李世石进行围棋人机大战，最终以 4∶1 的总比分获胜。AlphaGo 成为第一个击败人类职业围棋选手、同时战胜围棋人类世界冠军的人工智能机器人。AlphaGo 对围棋界的全方位碾压，最主要的工作原理就是基于人工智能神经网络的"深度学习"，机器已经能够自主进行学习，在某种意义上讲，计算机已经真的具有了人类智能。

随后，2017 年年初，该程序又在中国棋类网站上以"大师"（Master）为注册账号与中、日、韩等数十位围棋高手进行快棋对决，创造了连续 60 局无一败绩的佳绩；2017 年 5 月，在中国乌镇围棋峰会上，它与世界排名第一的中国选手柯洁对战，再次以 3：0 获胜。自此，围棋界公认 AlphaGo 的棋力已然超过人类职业围棋的顶尖水平，在 GoRatings 网站公布的全球职业围棋排名中，其等级分数曾超过排名人类第一的棋手柯洁；2017 年 10 月 18 日，DccpMind 团队又公布了最强版的算法 AlphaGo Zero。

人工智能发展到现在，人类又开始猜想，计算机人工智能对人类大脑智能全方位超越会在多久的将来？

【案例 3】脑机接口

特斯拉 CEO 埃隆·马斯克曾表示："人类只有一个选择，那就是成为AI。"他表示，他很快将宣布名为"脑机融合系统（Neura Link）"的新产品，这款产品可为任何人赋能让他变成超人。马斯克表示："我认为我们会在几个月内宣布一些有趣的事情，比任何人想象中都要更好。最棒的是，我们实现了与人工智能的有效融合。"对于半机械人与普通人相比到底有多大的不同，以及它们以后会有多大改进，马斯克表示："如果你有手机或电脑，那么相对于没有的人，你会聪明多少？实际上你要聪明得多。你几乎可以立即回答任何问题，你会有无懈可击的记忆，你的手机能完美地记忆视频和图片。你的手机已经是你的分身，但大部分人都没有意识到，自己已经是个半机械人。然而，数据流动速率太慢，这就像是小溪，在生物自我和你的数字自我之间流动。我们需要将这样的小溪汇聚成巨大的河流，一个高带宽的界面。"

随后，马斯克提到了 Neura Link。他说，"这种技术最终可以让人类创造一张自己的快照，即使身体死亡，这也依然能活下去。"马斯克说："如果你的生物自我死亡，你可以上传到一个新的单位。"他认为，这会给人类带来更好的发展机会以对抗现有的人工智能。"与人工智能融合的场景看起来可能是最好的。如果你无法击败人工智能，那么就加入它。"

现在人脑和各种 AI 产品的互动，还只是大脑通过无线方式在互动，交换的信息数量和速度都有限，脑机接口是一种新模式，这个技术升迁类似于从原来的 1G 到 5G 的变化。

第三篇

当环保遇上人工智能

第六章 ◉ · · ·

智能环保的发展

环保是指人类针对现有或潜在的环境问题，为协调人和环境的良好关系，保障经济、社会持续发展而采取的一系列行动的总称。环保的方法和手段可分为工程技术类、行政管理类、创新研发类、法律类、经济类、宣传教育类等（图6-1）。

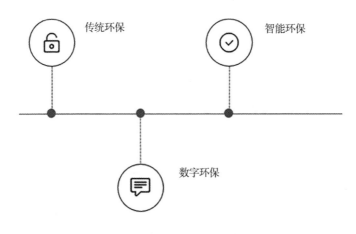

图 6-1　环保的发展史

数字环保是近年来提及，在数字地球、地理信息系统、全球定位系统、环境管理、决策支持系统等技术的基础上，衍生的大型系统工程。即以环保为核心，由基础应用、延伸应用、高级应用和战略应用的多层环保监控管理平台集成。它将信息、网络、自动控制、通信等高科技应用到全球、国家、省级、地市级等各层次的环保领域中，进行数据汇集、信息处理、决策支持、信息共享等服务，实现环保的数字化。

智能环保和传统的环保信息化相比，具有更透彻的感知（感知层）、更全面的互联互通（网络层）、更深入的智能化（应用层）。在感知层，智能环保要求采用先进感知工具进行全面的环境感知，支持使用区域环境及污染源的在线环境监测设备，在监测站点采集环境数据；在网络层和应用层，要求将在线环境数据接入环保物联网综合管理平台，实时对收集的大数据进行分析，实现环境管理和决策的智能化，通过"互联网＋环境"业务驱动环境管理的转型。

智能环保是数字环保概念的延伸和拓展，也是信息技术进步的必然趋势。它借助人工智能及物联网等技术，把感应器和装备嵌入各种环境监控对象中。它通过超级计算机和云计算等技术，将环保领域的物联网进行整合，实现人类社会与环境系统的融合，以更精细、更动态的方式实现环境管理和决策。智能环保是互联网技术与环境信息化相结合的新概念。人工智能技术的发展必将带动智能环保的发展，将环境的保护实现有效化。

随着人工智能的发展，"全面感知、标准引领、平台支撑、智慧应用"的顶层架构设计的实施有了技术支撑和系统保障。基于物联网技术，可实时感知环境质量、污染排放等业务过程全部信息，可构建全方位、多层次、全覆盖的生态环境监管网络；通过环保物联产业标准和规范的制定，推动环境信息资源高效、精准地传递。基于智能环保云，可以支撑污染源监控、环境预测预报、环境监察、公众参与等环保业务的全程智能，最终依托人工智能算法，城市生态环境管理精细化、高效化和智慧化水平实现全面提升。

随着我国工业化进程的加快，环境污染越来越严重，空气污染、土壤污染等给人们的身体健康和财产造成巨大危害，影响国家经济的持续发展。人们的环保意识越来越高，对环境治理的愿望日趋强烈。因此，实时了解污染物变化情况，提供可靠、准确的污染物预测、跟踪、分析、处理方法对环境治理极为重要。

智能环保是智慧城市中的重要一环。它基于数字环保平台，可以通过在线监测监控网络，建立环境应急指挥系统，融合物联网、云计算、多网融合等技术，实现实时采集污染源、环境质量、环境风险等全方位信息，构建全方位、多层次、全覆盖、高效能的生态环境监测网络，推动环境信息资源高效精准传递及海量数据资源中心和统一服务支撑平台建设，达到环境保护的智慧化。智能环保要求水、大气、噪声、土壤和自然植被等环境智能监测体系和污染物排放、能源消耗在线防控体系基本落实。建立环境信息智能分析系统、预警应急系统和环境质量管理公共服务系统，对重点地区、重点企业和污染源实施智能化远程监测是智能环保的另一个重要部分。

在智能环保领域发现、分析、解决问题的一整套闭环管理，需要城市的生态环境局、住建局、气象局、城管局、交通系统等部门配合协同，经数据接口预授权，实现对工地扬尘监测数据、工业污染源监测数据、餐饮油烟监测数据、汽车尾气检测数据等各类数据进行融合。

利用上述数据资源，可构建"智慧环保平台"。随着数据的积累，环保部门与企业可通过生态环境大数据平台进行数据融合，对管理区域进行多维度分析，帮助管理部门进行污染溯源和成因判断，并依据分析结果向环境治理人员发布任务，达到改善环境的目的（图6-2）。

通过创新性地运用AI技术与物联网大数据进行分析，可以极大地提高环境治理的工作效率。现在，人工智能技术在一些城市的环保领域已开始落地应用。各类智能环保大数据AI平台更是遍地开花，此类平台能进行城市污染中复杂场景智能识别，如在道路车辆经过、刮风、施工、渣土车扬尘时进行识别并报警，同时通知清洁队伍，还能对清扫路段、清扫方式、清扫时段给出建议，提高空气质量管理效率。此类生态环境AI大数据平台还能对采集的数据进行建模，对空气质量的变化趋势进行预测，并对污染源进行溯源。

图 6-2　智慧环保平台

第一节　现状

　　国际上，美国的 IBM 公司于 2009 年首次提出了"智慧地球"概念。"智慧地球"的核心是以一种更智慧的方法，通过利用新一代信息技术来改变政府、企业和人之间的交互方式，以便提高交互的明确性、效率、灵活性和响应速度，以达到信息基础架构和基础设施的完美结合。"智慧地球"概念提出后，在环保领域，充分利用各类信息通信技术，感知、分析、整合完整的环保信息，对现实中各种需求做出快速而智能的响应，使得决策更加切合环境发展的需要，这一趋势也更加明显，智能环保的概念应运而生。

　　在我国，党的十八届五中全会围绕"四个全面"提出创新、协调、绿色、开放和共享的五大发展理念，"绿色"作为五大发展理念之一，在国家战略层面对智能环保做出重要布局，这无疑凸显了改善生态环境作为全面建成小康社会决胜阶段这一任务的重要性（表 6-1）。

表 6-1 智能环保领域相关法律法规及产业政策

行业	日期	组织／部门	名称
智能环保	2018 年 10 月	全国人大常委会	《中华人民共和国空气污染防治法（2018 年修订）》
	2018 年 8 月	生态环境部	《生态环境监测质量监督检查三年行动计划（2018—2020 年）》
	2017 年 9 月	中共中央办公厅、国务院办公厅	《关于深化环境监测改革提高环境监测数据质量的意见》
	2016 年 3 月	环境保护部	《生态环境大数据建设总体方案》
	2015 年 7 月	国务院办公厅	《关于印发生态环境监测网络建设方案的通知》
	2015 年 4 月	中共中央国务院	《关于加快推进生态文明建设的意见》
	2015 年 2 月	环境保护部	《关于推进环境监测服务社会化的指导意见》
智慧城市	2014 年 8 月	发展改革委等	《关于促进智慧城市健康发展的指导意见》
	2013 年 6 月	住房城乡建设部	《智能建筑工程质量验收规范》
	2013 年 1 月	住房城乡建设部	《关于做好国家智慧城市试点工作的通知》
	2012 年 11 月	住房城乡建设部	《国家智慧城市试点暂行管理办法》

　　智能环保运用现代通信、遥感测绘、卫星导航、大数据、互联网和物联网等人工智能前沿技术，致力于构建"天、空、地"一体化的立体监测平台，实现对生态环境进行系统、全面、智能的管控。

人工智能的普及和广泛而深刻的应用，已给环境治理带来了深刻变革。人工智能的感知系统能增强环境信息的获取能力；将人工智能与大数据相结合，能极大拓展环境治理的时间和空间范围；人工智能的决策规划能力，能优化政府部门、企业在环境治理过程中的决策机制；人工智能的多场景应用，能为实现环境的精细化管理奠定基础；人工智能的高效交互快速学习能力，能明显提高环境知识和理念的传播效率，扩大传播范围（图6-3）。

图6-3　人工智能在环保中的应用

随着数据采集能力、数据处理能力、数据建模（算法）能力等基础技术的不断突破，计算机视觉、智能语音识别、自然语言处理等人工智能通用技术及平台也逐渐走向产业化，人工智能全面进入技术爆发和大规模应用的新阶段。将大数据与人工智能相融合，并广泛应用于各行各业，会促使生态环境治理的范围、模式、手段出现颠覆式变革。

人工智能技术对环境治理的影响体现在两个方面：一方面，通过提升环境资源的利用率实现环境精细化管理，改变传统意义上经济发展与环境保护相对立的局面，经济发展为环境治理提供物质条件和经济基础，环境治理为经济发展提供生存发展的土壤及持续动力；另一方面，它能解决环境污染中常见的动态监管、跨区域环境管理等治理方面的难题，人工智能为环境治理提供新的思考角度、解决方案和治理模式。在这一背景下，我们的学者和企业，要对人工智能可能给环境治理带来的积极影响和消极影响进行全面、深刻而综合的分析、预判，将积极因素予以推动和鼓励，将消极因素予以规避和弱化，这既有利于环境治理相关部门找准环境治理的改革发展方向，也有利于现有的组织部门更好地应对现存问题，同时有针对性地防控潜在风险。

目前，智能环保主要有技术应用、经济绿色转型、社会治理等 3 个发展方向。

在技术应用层面，智能环保研究人工智能技术对环境治理手段的完善、改进和延伸。例如，在数据处理及信息分析领域，人工智能的神经网络分支具有较强的非线性处理能力和容噪能力，将这一优势用于分析环境污染中系统的复杂问题，能形成基于深度神经网络的环境如质量评价和预警系统；人工智能技术在辅助决策中的应用也初见成效。现在，人工智能技术被越来越广泛地应用于城市生态调控，运用人工智能中深度神经网络、模糊逻辑等技术，分析和模拟城市生态系统，再综合运用专家系统和遗传算法，制定城市生态调控的整体规划方案；利用智能机器人，已有自主导航的无人船、无人机等先进的无人设备正被应用于环境执法监察、巡查、取证，可提高环境治理中的执法效率。

在经济绿色转型层面，智能环保研究以人工智能技术为依托，在环境治理升级的大背景下我国经济的绿色转型、环境资源效率提升问题。由于深度学习的技术驱动，数据正越来越明显地变成一种新的生产要素，它能够有效地减少对自然资源、资本等传统要素的依赖。例如，互联网、大数据和人工智能等技术的深度融合，将以优化资源配置的方式提升资源配置效率；人工智能结合制造业，能够实现对产品全生命周期的优化和集成，达到降低资源消耗的目的。

在社会治理层面，智能环保研究人工智能对公共管理、社会治理的正面影响、负面影响及潜在风险。在人工智能爆发的背景下，社会的管理模式也将出现新特征，其中包括管理科层缩减、宏观微观距离被拉近、人工智能技术逐步参与社会管理等新特点。例如，人工智能可能会导致金融监管、网络舆情等社会风险；人工智能技术还会促使社会组织结构出现去中心化和扁平化的趋势。公共治理是一套需要不同的社会主体来协同配合，联手解决问题的一整套机制，人工智能可通过信息整合和智能分析等手段，为这种以多主体协商为特色的治理机制提供有力支撑（图6-4）。

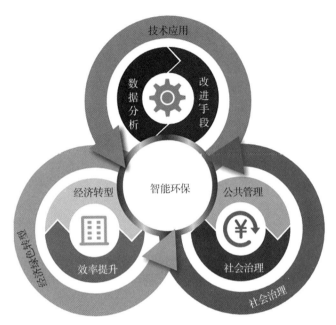

图6-4　智能环保的3个主要发展方向

　　数据和实证表明，在我国现阶段智能环保更多地集中在技术应用层面，即人工智能相关技术在环境治理各场景中的综合应用。而在国家经济的绿色转型层面，学者或企业对人工智能对环境治理的直接、间接影响比较侧重，而较少有人将人工智能对环境治理的模式和机制的影响进行研究。

　　如果我们着眼于人工智能技术应用层面，会发现，人工智能技术应用的阶段性普及已经给我们的环境治理带来了革命性影响。这种影响体现在多方面，包括信息获取方面、治理范围方面、辅助决策水平方面、环境管理概念方面、意识水平方面等。其中，在信息获取方面，人工智能的强大感知功能可以显著提高环境信息的获取能力；在治理范围方面，人工智能和大数据的组合可以大大扩大环境治理的时间和空间范围；在辅助决策水平方面，人工智能建模和基于模型的决策计划能力，可以显著优化环境治理的决策机制；在环境管理方面，人工智能在多场景应用中的优势，可为实现环境精细化管理奠定基础；在概念和意识水平方面，人工智能中的交互作用和学习能力可明显提高环境知识和概念的交流效率。

人工智能技术增强环境信息的获取能力。人工智能强大的感知功能可以显著增强环境信息的获取能力。人工智能发展到现在，已经在计算机视觉、计算机听觉等模式识别方面获得了大幅技术进步，这使得图像、声音检测设备能够发挥比以前更多、更大的作用，人工智能带来的技术提升使监测设备具有更强的检索能力、感知能力、分析能力。更加敏锐的态势感知能力能使环境信息的来源和获取方式更加多元化。人工智能的图像声音识别和处理技术在提升环境态势的感知和观测能力方面，可以通过声音识别、监测噪声源并进行类型解析体现，我们现在可以通过光谱分析，分析空气污染信息，通过图像识别，进行普查类如生物多样性、生物现状等的普查和动植物跟踪观测。人工智能技术还可以应用于自主检测设备，用于降低环境信息的收集难度和成本，人工智能依托无人机、无人潜水器等自主航行设备能够携带各种传感器，可对大气、水域、土壤等环境污染信息进行长时间动态检测，既实现了广域环境信息的普查，也实现了动态实时监测。

人工智能技术拓展环境治理的时空维度。将人工智能与大数据结合能够拓展环境治理的时空维度。大数据是人工智能进行分析从而具备学习能力的基础，人工智能通过海量的数据训练能够做到更精准、更高效。人工智能算法再反馈到和应用到海量数据处理和数据挖掘中，使数据资源产生巨大经济、社会、环境的价值。从技术应用的现状来看，人工智能与大数据的结合增加了环境监测时间频次和区域范围。

人工智能通过数据挖掘和分析其他领域的环境相关数据，拓展了环境治理的时空维度。

人工智能结合大数据，降低了环境污染信息的处理难度和经济成本，海量数据的处理变为可能，意味着可广泛布设监测环境污染的传感器，更多样化、更高端、更精密、更密集的传感设备，增加了监测时长、监测频次、监测类型、监测范围，有利于提高环境数据的覆盖范围和覆盖时间，使环境决策者得以对长时间、高频次、大范围的数据进行挖掘和处理，这就延伸了环境监测的时空维度。

人工智能与大数据相结合，从更广泛的其他领域数据中挖掘和分析出有效的环境信息，并据此对环境信息的变化趋势进行研判，从而将环境信息来源拓展到"非典型"设备和渠道，使环境治理延伸到经济社会方方面面、时时刻刻。例如，物联网技术正使家居设备、汽车、建筑等成为环境监测的数据源、信息源。我们知道，在传统的数据处理能力下，这些数据往往难以应用于环境监测，自主学习和深度学习等人工智能技术使来白这些"非典型"设备和驱动的数据也可进行挖掘并进行关联性分析。这相当于为环境治理"注入新的血液"，既可从多渠道获得环境信息，对环境事故和风险进行预判，减少响应时间，也可通过"非典型"设备和渠道，多角度分析用能、排污等行为，为环境变化态势研判提供更多、更全的信息。

人工智能技术优化环境治理的决策机制。人工智能的高效决策规划能力可优化环境治理的决策机制。人工智能技术基于对数据和案例的挖掘，可进行建模分析，并对不同的决策方案进行量化分析，辅助环境治理的主体进行决策。这具体可以表现在两个方面：复杂系统的模拟、预测和辅助决策；系统模拟和预测为环境治理决策提供更多分析手段。人工智能的数据挖掘能力和系统建模能力，既可以更加精准地分析引致环境变化的影响因素，也可实现对环境趋势的预测及风险的预警，为环境治理的决策者提供更高效、更准确的变革依据。

首先，人工智能利用在因果推断、数据挖掘方面的优势，可在丰富的环境信息基础上进行定量分析，把对环境有影响的主要因素和这些因素的影响进程分析结果作为有用的政策支撑。

其次，人工智能在复杂系统的模拟及预测领域也有显著优势。利用这些优势对潜在环境风险、事故进行基于概率的分析，辅助决策部门做出优质、快速的应急处理方案。利用人工智能的这种规划决策能力，可提升环境决策的精确性，提高决策部门的响应能力。随着在决策规划方面能力的逐步增强，人工智能将给我国的环境治理决策带来革命性影响。从现有趋势来看，这种影响主要集中在政策量化评估、方案的分析比选等方面。将人工智能决策规划技术应用于对优化环境政策的实施效果进行评估，能更精准、科学地评估、量化政策的实施效果，为政府进行环境管理的绩效核定、政策评估等工作提供数据依据；在方案分析和比选方面，通过系统模拟和预测，将不同政策方案的优势、成本、潜在风险一步量化，方案选择的利弊更加全面、具体、科学。

人工智能技术为环境精细化管理奠定基础

人工智能的多场景应用，也为实现环境精细化管理奠定了基础。基于日益精进的感知、分析、交互、规划决策等能力，人工智能已经广泛应用于建筑、交通、市政、农业等场景。这些智能化设备和设施可以根据使用需求、环境状况、实时态势，对设备运行进行实时优化，达到节能降耗、节约资源、提升资源配置效率的目标。"人工智能＋"已成为实现环境精细化治理的可靠途径。

人工智能技术提升环境理念的传播效率。人工智能在交互能力、学习能力的优良表现，正逐渐改变我国环境信息的传播方式，拓宽民众获取环境信息的方式，提升环境知识和理念的传播效率。

机器学习在传媒领域得到应用，使传播的信息更加具有针对性。环境管理者应用这一技术，会引导公众的舆论，促进环保知识的普及，同时有利于塑造民众的环保理念和行为习惯。民众应用这一技术，会享受更好的信息传递和行为引导服务。

随着人机交互设备被广泛应用，居民生活习惯如出行、旅游等行为在授权同意的情况下就可能被记录、跟踪，甚至被引导，这正影响着居民的行为习惯，并将民众的环境保护理念引导至积极正面的方向。从信息传播的角度来看，人工智能技术通过对新闻文本进行挖掘、分析，优化信息呈现渠道和方式。例如，通过分析用户的上网习惯及信息接收领域，向不同群体推送有针对性的信息，使信息更容易、更有效、更精准地被转发、被传播，有了这种智能化和个性化，受众对环境宣传信息的接受程度也将大幅提升。将新的基于人工智能的信息传播方式，恰当地应用于环境信息传递和环保宣传，使环境信息和环保理念得以加速传播，并在民众中形成广泛认同。通过接受这些人工智能加工过的信息，智能家居、智能设备在应用中变得更普及，消费者行为习惯也可以被跟踪和引导，例如，根据消费者特征如年龄、爱好、身体状况等，人工智能定期定向推送相关信息，这推广了全民绿色低碳的生活方式，为民众提供了更加环保、健康的起居、出行方案，对居民的消费观念、出行选择、生活方式进行了精准有效的引导（图6-5）。

增强环境信息的获取能力	拓展环境治理的时空维度	优化环境治理的决策机制	为环境精细化管理奠定基础	提升环境理念的传播效率
·计算机视觉 ·声音识别 ·态势分析 ·光谱分析 ·无人机	·海量数据训练 ·数据挖掘 ·物联网	·决策方案量化分析 ·复杂系统模拟 ·人工智能决策规划 ·政策量化评估 ·方案比选	·节能减耗 ·环境实时优化 ·管理精细化	·精准传播 ·生活引导 ·舆论引导

图6-5　人工智能在环保领域的应用

目前，我国环保部门和相关组织高度重视环境领域的信息化建设。从2000年起，各地区次第建设门户网站、综合业务系统，并集中优势资源开展联合共建，已规划和建设了国家级、省级污染源综合监控系统，也陆续建设起一批优质的环境领域当中的应用系统。各省市基于各自对环境信息化的顶层设计，以现有组织机构、业务体系为依托，以信息资源的建设开发为主线，以信息的共享和业务协同为着力点，开展了业务架构、数据架构、应用架构、技术架构建设，并优化完善了一批已运行的应用系统，有效整合了新的综合系统，正逐步实现规划中的数据共享和业务协同目标，将各省市本地的多个自建系统，通过优势集中和资源整合，初步建成具有技术先进性和可行性、兼具社会效益和经济效益的高覆盖率环保专网，或称为环保数据资源中心，该中心统一对接环保业务系统，基于现有资源打造生态环境大数据生态云综合平台。

当然，在规划利用人工智能进行环保领域规划、建设时，我们不得不考虑技术依赖、现状基础差等一系列问题。如书中其他章节所述，智能环保的发展依赖几大关键人工智能技术，其发展也必然会受到技术"瓶颈"的制约。

第二节　问题

我们在环境治理的过程中，顺应和推动环境治理的智能化变革趋势是主旋律。这意味着我们既要深化对环境治理体系、机制的改革，发挥人工智能技术对环境治理能力提升的积极作用，又要正视和警惕这一新技术体系的负面影响，规避、预防人工智能技术在环境治理应用中的系统性风险和潜在的不确定性。

就人工智能技术本身来说，其不确定性表现在多个方面，如人工智能算法本身的技术缺陷问题，应用于其中的与海量信息相关的安全及隐私问题，人工智能应用于各领域产生的权责利划分问题及其他伦理道德问题，发展至未来技术、规范、伦理之外的技术不可控、不可预知等各种新的威胁等（图6-6）。

图6-6　人工智能发展过程中的不确定性

纵然在智能环保发展之路上，我们存在这样或那样的问题，一些已经借助组织和流程优化、技术提升、意识转变等方式得到解决，但还有一些问题严重而紧迫，如监管不严、治理不精、治理无据等现实问题。污染选寻源不准，是指监测体系的覆盖不足，尚需要大量人工或自动化监管工作；我国环境领域精细化监管较弱，在我国尤其是农村地区，"散、乱、差"污染监控不足，做得很不严格、很不到位；治理不精是指我国学者和企业，目前对污染机制的认识不足，对污染分布和演变的了解也不全面，对治理是否到位也不够清楚；治理无据是指在我国，环境部门的决策较片面、不成体系，这是因为缺少充分的数据支持，只能采取"一刀切"的手段而没有进行充分的研判。我们对环保领域的认知需要进一步加强，优化环境治理之路，依旧任重而道远。

当下，以人工智能为代表的新技术革命，已经给我们的环境治理带来机遇，我们获得了实时、泛在的智能支持，并且正朝着实现环境治理的全过程智能驱动而努力。但是，人工智能同历史上任何一种新技术潮流的诞生和发展一样，它在给环境治理带来积极变革的同时，也带来了新的不确定性和风险隐患。这种风险，一方面来自于人工智能技术所固有的算法缺陷、技术风险、训练数据偏差、难于基于激励进行追溯等痼疾；另一方面，来自于人工智能技术对社会组织的变革和重塑、基于新组织新流程的政府决策等方面，这必将给新时代新技术下的环境治理带来难以预测的新挑战，如若应对不当，便能酿成新的严重问题。人工智能技术应用于环境治理，具体的问题主要体现在如下几个方面（图6-7）。

①人工智能固有的算法缺陷和技术风险。人工智能的算法和分析模型都是基于对实际情况的抽象，这导致其算法本身存在缺陷并受制于其开发者的局限。人工智能在实际应用中很可能背离设计目的，增加不可控的风险（图6-8）。

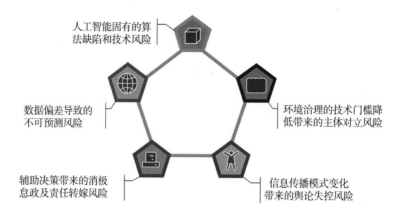

图 6-7 智能环保发展过程中的突出问题

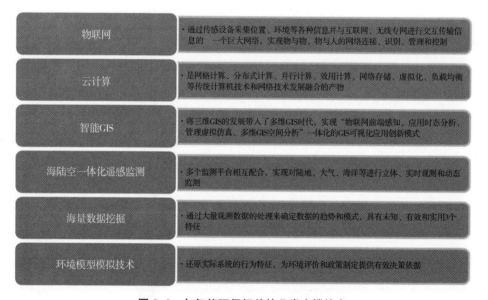

图 6-8 与智能环保相关的几类支撑技术

首先，开发者与应用者的分隔导致人工智能算法与环境规律相脱节。环境治理领域涉及的学科较多，专业性也更强，人工智能的开发者往往不是环境领域的专业人士，开发者的环境领域知识背景不足，设计算法时可能存在对环境影响因素、地理气候影响等考虑不全面的缺陷。

其次，人工智能的开发者由于其社会地位、知识背景和理念的差异，在设计人工智能算法过程中，很难做到完全公平，由此可能带来"算法偏见"，当人工智能广泛应用于辅助决策时，很可能导致一些主体的利益被忽视，少数的群体被边缘化。

最后，因果推断和分析方面的缺陷限制了人工智能的解释性，影响辅助决策的可信度。机器学习的算法主要基于相关性分析，在因果推断和分析方面存在不足，使得人工智能陷入概率关联的困境。这一先天不足可能会导致环境治理政策的偏误，影响环境政策的有效性（图6-9）。

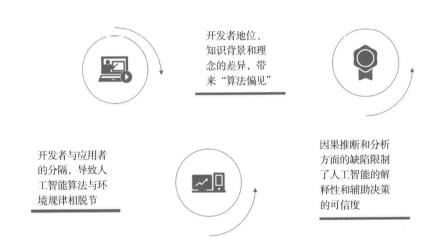

图6-9　算法缺陷和技术风险的体现

②数据偏差导致的不可预测风险。众所周知，人工智能是基于算法并以数据为支撑的计算系统，机器学习、深度学习等常见的人工智能技术，都需基于数据做出行为判断，因此，数据来源、数据质量便成了人工智能是否能实现预设目标的关键。机器学习、深度学习中用来训练样本的范围、平衡性都直接影响实际应用结果，数据缺失和预设条件的不合理，都将严重影响机器学习的输出结果。目前来看，人工智能的训练数据量已远远超出人类的认知范围，海量训练时所用的数据来源、范围、质量都难以追溯，难以有效控制，这些导致的后果就是数据可能存在系统性偏差，这些偏差难以被有效识别，因此难以被监

控，可能导致人工智能技术朝着难以预料、失控的方向畸变。这种不可预测性，甚至可使数据的使用者、决策者做出的基于人工智能计算输出的环境数据的决策方案具有严重倾向性，不排除极端情况的出现。此外，如果数据训练样本和整体分布情况偶然出现偏离，经多次迭代和推算，人工智能相关技术还可放大这些数据偏差，最终导致运算结果严重偏离目标，这会导致数据结果与实际情况出现偏离，误导数据结果使用者即环境决策者，导致出现误判引致重大错误，甚至酿成严重事故。

③辅助决策带来的消极怠政，以及责任转嫁风险。人工智能技术在环境治理的辅助决策中有大量应用，这种应用在提高环境治理科学性的同时，也易于导致环境决策者对技术产生依赖甚至"迷信"。

一方面，人工智能技术会挤占决策者思考和创新的空间。人工智能辅助决策能提供翔实而精确的数据依据，严谨的计算模型和推理过程，使其提供环境治理方案的形成过程及表现形式都极具科学性、客观性。在这种思维惯性之下，有一种风险就是，决策者出于稳妥、降低风险的考虑，更倾向于选择相信人工智能的计算结果，如此一来，决策者理应思考、创新的时间和空间被迫逐步收缩，对人工智能技术的依赖进一步加深，造成恶性循环。有专家认为，在程式化、模式化的行政体系下，官员有程式化地把选择、决策、信任、责任交给算法，把思考交给机器的倾向。

另一方面，人工智能技术还可能产生责任转嫁和责任推卸的风险。依照数据的人工智能辅助决策，在模型抽取、算法预设等过程中，由于可能存在缺陷而导致其预测结果可能有偏误，人工智能的辅助决策被环境治理的决策者广泛采用，他们更倾向于将决策失误归咎为数据错误、人工智能辅助决策的误导，从而逃避和推卸责任。

④环境治理的技术门槛降低带来的主体对立风险。人工智能技术一方面的确提升了环境治理相关部门的信息获取、处理、分析能力；另一方面却也增强了普通民众对环境信息的掌握能力，这就必然降低环境数据获取、处理、分析、

认知的门槛。这将导致民众对环境监管部门信息权威性提出挑战，也会增加环境治理中多方利益协调的难度。

首先，功能逐渐增强的智能设备提供给公众独立获取环境信息的基础能力。现在大多数智能手机能对地理位置、生物体征、声音、简单的环境信息等进行采集和初步分析。未来，基于人工智能技术的公开且效果良好的预测模型，民众将具有获取环境信息、整合、分析、形成独立于政府环境监测体系之外的环境信息能力，这种能力支持民众打破政府对环境信息的垄断，民众将要求政府透明化处理环境信息、拓展环境信息公示的范围。这些客观上的进步，对政府环境信息及分析预测工具的准确性、科学性、适应性提出了更高要求，届时，政府公开信息的权威性、准确性受到极大挑战的同时，大量涉密数据将掌握在民众手里，数据的安全保密风险将大大提高。

其次，人工智能技术助力民众提高环境认知，民众对环境治理政策将有更深的认识，给政府环境治理政策的制定和修正带来新挑战。在传统的环境治理模式中，政府和公共部门是不同利益取舍、价值观念冲突的协调者，天然具有强大的公信力，获得社会认同；现在，人工智能技术在文本挖掘、舆情分析领域的应用趋于普及，民众挖掘海量数据从而获取生态环境关联信息的能力增强；人工智能技术结合新的媒体形式，增强了生态环境知识科普类自媒体等传播媒介的传播能力，随着公众获取环保知识渠道的增强，甄别环境信息能力不断提高，民众会更有底气质疑政府的环境治理能力，这将导致政府在环境事件中协调难度增大。但现实是，环境政策涉及的主体众多，各方利益主体的环境信息采集、分析能力势均力敌时，将会从各自的利益出发抵制政策推行，甚至导致恶性群体事件（图6-10）。

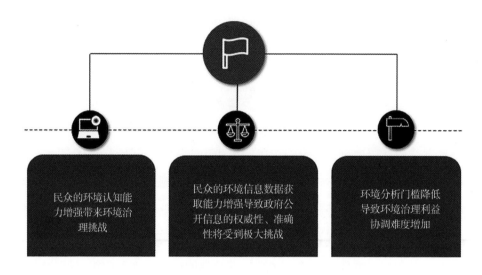

图 6-10 AI 技术导致的政府环境治理层面的难度

⑤信息传播模式变化带来的舆论失控风险。人工智能对于舆论媒体是把"双刃剑"，用户群体的兴趣、偏好、性格的分析结果，在促进环境信息传播、推广的同时，也有将错误、虚假信息进行病毒式传播的风险，这给环境治理带来舆论危机。媒体为了个体利益，不惜故意将有歧义的信息快速大范围传播，这将使虚假信息不可控。如果监管不严格，自媒体以一己之利，吸引曝光度、点击率，就会借助人工智能技术进行不实、误导性报道，而环保信息与公众切身利益息息相关，舆论误导将造成公众的恐慌。依据大众心理学理论，普通民众更倾向于接受同质化信息，领域、观点相近的信息容易导致认知性偏误甚至极端化群体情绪。公众若长期浸淫在狭窄、偏激的信息中，将会出现公共观点分化，形成独立和割裂的认知小团体，这将使环境治理政策难以达成共识，抵消人工智能技术给环境治理带来的优势。

第七章

智能环保的应用场景

第一节　大气环境治理

一、大气环境治理的现状

国家空气污染治理步伐正逐步加快，与此同时，一系列配套政策、标准、规划也正高效密集地出台。我国已进入监管严格、标准规范、社会互动的环保产业"新常态"，大气环境的治理，正随着发展大趋势呈现出前所未有的高速发展势头。针对大气环境治理，我国已在政策、市场等各个方面投入大量的精力和资源。

政策更加积极，执行力明显加强。从宏观层面来说，政府为保证政策目标的实现而对空气污染防治进行积极推动，这加速了立法及实施的总进程；从微观层面来说，各部委相继出台对顶层规划的细化政策、规划及对应的配套实施方案，这一系列措施为大气环境治理的整体发展给予指导、指明方向。与此同时，政策执行力也正明显加强。环境政策的实施已开始并正逐步深入地从重视效果转向效果和效率兼顾，同时对排污企业的相关监管也日趋严格，环保检查力度和范围也正继续加大，这无疑对环保相关企业服务的专业化程度提出了更高要求。

市场改革层面也正取得明显进步。一方面，传统大气环境治理领域竞争加剧；另一方面，大气环境治理领域包括"烟气岛"、VOCs 治理、环境监测市场等的新型细分领域也正高速发展，这些新型大气环境治理细分领域正逐步形成新格局。大气环境治理行业集中体现出规模小、市场集中度高、监测产品销量增速迅猛等显著特点。行业的集中度高，导致领先企业的相对优势和绝对优势已形成，市场格局也已基本确定。从长远来看，差异化竞争，提高效率，压低成本，强化创新，才是国内空气污染行业的发展之路，其实也是智能环保整个行业的长久发展之计。当然，智能环保项目利用政府部门的政策支撑的同时，还需要企业方面的软硬件研发、数据挖掘技术、系统运营、投资融资服务等各方面的综合能力。

大气环境治理与智能环保领域其他各细分领域一样，项目投资需大量的资金，企业采用灵活的综合投融资模式，针对重大项目进行政府、企业合作，将成为未来的发展趋势。在大气环境治理领域引入社会企业，能大大促进智能环保资本模式获得新发展。在政策推动之下，第三方运营的社会企业可以获得从设备提供商，逐步向后市场运维服务商转型的机会，相较之下，后者的附加值大大高于前者，这将大大提高智能环保在大气环境治理方面的市场活跃度并扩大市场空间。

我国环境监测相关工作正在推进中，依旧存在很多暂时无法解决的痛点，且这些问题遍布各个方面。

这些问题包括：中央政府与地方政府环境监测部门间责权利尚未完全理顺，地方行政多从利益角度出发，主动干预上级部门的监管，还可对监测数据进行人为干预、混淆视听、躲避监管的现象屡禁不止；另外，由于目前环境监测报告的责任尚未明确落实，政府环境监管部门对所辖企业的排污存在摸底不清的问题；与此同时，随着环保领域内容及深度的日益扩大，环境监测的任务也必然快速增加，政府和民众对环境管理的要求也日益提高，这一系列需求都导致环境监测的质量、效率亟待提高。

另外，环境监测行业受政策的影响很大。为支持环保行业发展，国家近年出台了一系列政策，新政策对加快环境监测的网络建设提出新要求；新政策还强调国家、省、市各个环境监控点间的数据互联、互通和融合、共享，新需求下需要将各监测领域的数据进行统筹规划，实现监测的远程化、一体化、智能化，通过数据分析建设分析系统、预警系统、公共服务系统，促进生态环境的科学决策、精准监管，实现便捷、高效的便民、惠民服务。

总之，随着大气环境治理力度加大，监管趋严，区域环境治理、咨询、服务等将成为产业发展的新热点，采用第三方治理服务的模式也是今后的发展趋势。

二、大气环境治理对人工智能提出新要求

大气环境是人类赖以生存的最主要环境要素之一，它对人类及动植物的生存起着至关重要的作用。近年来，随着我国工业化和城镇化发展，不可避免地带来许多空气污染问题。受政策、法规、监管等多方因素驱动的同时，民众对大气环境治理的诉求也逐渐加强。因此，近年来我国国内大气环境治理高速发展。众所周知，自 21 世纪以来，我国大气环境污染状况不容乐观，西南地区的酸雨时常不期而至，北方秋冬时严重雾霾也日益频繁发生。因此，治理空气污染是一个刻不容缓的关乎人类生存的大问题。

大气环境污染的加剧，人们对大气环境治理的迫切需求，都对我国环保部门提出新挑战。大气环境治理对市场体制、资源组合模式，以及对技术研发都提出更高和更新的要求，其中的技术研发主要是针对人工智能关联新技术。

我国大气环境治理发展至今，先后共经历了 3 个发展阶段。

第一阶段是"十一五"期间。大气等污染物排放越来越受政府和民众关注，国家环保部门的关注核心处在监测网搭建层面。

第二阶段是"十二五"期间。"十二五"期间是计算机及互联网技术大发

展时期。在这一时期，环境监测开始向数字环保方向跃升，借助信息化及移动通信等技术，处理、分析、管理全域环保业务、环保事件的信息成为可能。

第三阶段是"十三五"期间。在该阶段，环境监测逐步向智能环保发展，在原有数字环保基础上，凭借物联网和人工智能技术，将传感设备嵌入各种环境监控对象，通过超级计算机、云计算等技术，以将环保物联网进行整合统一的方式，实现社会与环境的融合，使得大气环境治理变得更精细和动态化，实现环境管理和决策的智能化。

这种"智能"表现在技术研发和市场体制两个方面。

首先，在技术研发方面，随着近年来工业门类的快速增加，污染源的性质也发生着改变。空气污染呈现出新特点，如传统的煤烟型污染现已演变为煤烟型污染和光化学二次污染叠加的复合型污染。污染的演变，也促使当前空气污染预警各类相关技术要适应污染监测的新特点。利用人工智能新技术对大气环境治理方法进行提升，以适应环境监测与空气污染防治、预警的需要。

国际上，人工智能先进技术已取得了长足的发展。从对大数据等技术的利用情况来看，欧盟国家、美国、日本等发达国家，在环境信息共享方面积累了丰富的经验。

在我国，大气环境治理的各个方面对人工智能相关新技术的应用，都和发达国家有很大差距。在大气环境监测方面表现得尤为突出。大气环境治理的第一步是对大气环境的质量进行监测和评估。如日本政府加速了对环境监测系统的投入，包括在研发和实施方面的投入，虽然近年来国内环境监测技术取得了一定的发展，但在动态实时及智能监测方面仍然明显落后。

人工智能新技术将成为应对日益提高的大气环境治理需求的制胜法宝。早在2015年，国务院就印发了《生态环境监测网络建设方案》，该方案明确了大气环境治理在环境监测方面的终极目标，强调了水、土、气、辐射、噪声等各领域治理的重要性。

依赖原有的传统环境治理及信息化技术，已无法实现当下对陆海统筹、天地一体的治理需求。水、土、气、辐射、噪声等各领域需整合到统一的全国生态环境治理网络，基于这一治理网络建立健全环境监测与数据信息共享大数据平台，通过积极培育环境治理的大市场，实现智能环保的政企合作运营。

随着"互联网＋"的提出，智能环保正在大力推动大气环境治理的智能化发展。"互联网＋环境"模式正驱动着环境治理的转型，其中也包括了大气环境治理。智慧环保综合运用物联网、云计算、大数据、空间地理信息集成等新系列新一代的先进技术，极大地促进了环境治理的规划、建设、管理、服务的智慧化。基于人工智能相关新技术的大气环境治理，逐渐成为全新的理念和模式。人工智能新技术有助于实现大气环境治理的公共服务便捷化、精细化、智能化，以及基础设施的智能化，网络安全的长效化。

人工智能应用于大气环境治理的前提之一，是大气监测大数据。而大气监测大数据的获取，需通过智能传感器、智能监测设备和系统。这些智能感知设备中，最主要的是监测仪器和监测系统。大气环境监测仪器包括色谱仪、光谱仪等，监测系统主要包括环境空气质量监测系统、烟气排放连续监测系统等。

在国外，类似业务的公司中，最著名的有德国西门子、瑞士 ABB、美国丹纳赫和哈希，以及日本横河和岛津等公司。这些国际领军企业已占领我国国内的高端环境仪器市场。

在国内，环境监测仪器多采用直销或定向合作等方式进行销售，通过赚取设备批发和零售商的销售差价来维持企业生存。大气环境监测系统大多需根据用户实际情况进行定制化研发、建设，相关建设单位跟进需求并为用户设计项目方案，后续通过预付款、到货款、完工款、质保款阶段分步结算。

其次，在市场体制方面，在第三方运营逐渐加入并起到推动作用的背景下，大气环境治理产业链中大气环境监测企业逐渐从单纯的设备提供商和销售商，向大气等环境监测系统建设及运营维护综合解决方案供应商转型。然而，第三方运营在现阶段也存在一些潜在的问题。例如，数据质量、人员素质等方面的发展尚未与现有的先进技术相匹配，因而政府需要扮演好监管者和服务者的责任，同时要提高第三方监测准入门槛，强化问责机制。市场体制升级已经取得一定的成效，但持续高效发展依旧具有必要性。

当下，智能环保的市场体制具有两个显著特点，即大气环境治理中环境监测分工正日趋成熟，以及新的更匹配智能环保的市场运行和投资模式正日益完善。

一方面，大气环境治理中的环境监测行业产业链的分工正逐步形成并固化。其中，大部分企业都以对污染源进行自动监测为主，这些企业以设备制造、系统集成为主，无论在零部件供应和系统集成，还是在设备制造和运营等方面，这些企业都已形成其自身特色，同时也自然形成了一批有实力的企业集群。同时，国内外其他领域的仪器设备企业正加入环境监测行业，这些新入场的企业，在实验室设备和特殊成分分析设备，以及手工比对设备等领域都发展的较好；而在我国，能提供智能传感设备、监测设备、智能信息化系统、外部多系统集成方案、高效实施方案的整体化解决方案的企业却严重缺失。

另一方面，PPP 模式成为智能环保的未来发展方向。在我国，智能环保物联网现在尚处于起步阶段，不同的链级也还存在或多或少的缺陷。目前，在我国智能环保项目市场方面，主要投资运营模式有政府独资建设、政府独资建设但委托运营商建设、政府与运营商合资建设运营、政府牵头运营商所建设的BOT 模式、运营商独资建设及运营等 5 种。PPP 模式正逐渐成为主流，让更多的企业直接参与环保市场竞争，而充分的市场竞争，对智能环保环境监测等各细分领域都将有极大的积极推动作用。

综合来看，这 5 种模式从政府参与度的维度来看是政府参与度逐渐下降、运营商参与度逐渐增强的过程。当然，这 5 种运营模式各有利弊，同时也都有各自专门适用的场景情况，这些场景具有明显的特点和差异，这需要我们在进行大气环境治理项目投资时应全面考虑、因地制宜。

例如，资金实力相对雄厚的地方政府，可选择政府自建模式，或政府投资模式进行建设；而如若政府缺乏资金，同时还希望保证对项目的控制权，则可选择合资建设的投资模式。

随着我国工业、民生领域的不断发展，空气污染问题愈发凸显，俨然已成为各省、市、地区环境保护工作的重中之重，大气环境治理，正受到社会各界的广泛关注。空气污染治理、环境质量控制的各重要环节，利用人工智能新技术，不管是提供重要的数据基础，还是提供决策支撑都已经成为必然和主流。人工智能新技术的应用，为我国环境治理工作提供了更广阔的发展空间。利用大数据、云计算等人工智能新技术，新技术与环保政策相配合，成为重要且紧急的大气环境治理新任务。

综上所述，我国大气环境治理工作若想得到长足的发展，人工智能技术就不得不做好迎接挑战的准备。

三、大气监测综合解决方案

总体上来说，酸雨、雾霾等一系列由空气污染导致的严重问题，已引发了全社会的广泛关注，我国大气环境治理也取得了阶段性的成果。

但具体来看，目前我国各地大多采取"一刀切"的大气环境治理方法，简单而粗暴地关停可能的污染源头，而一旦管制放松，空气污染指数立刻反弹甚至再冲新高，这使得环境治理不具备稳定性和可持续性。

为解决此类问题，本方案将人工智能新技术中的大数据挖掘、人工智能建模及算法、无人机等多种先进技术相结合，在平衡经济发展的基础上，深度而全面地利用源自大气、环境、经济、社会等多方面的多源异构数据。同时，综合考虑生态容量，构建起大气监测综合管控平台。当然，大气环境治理同环保其他领域一样，要想保证空气污染物排放的优化管控体系正常运行，既要落实不同层次执行主体的责任，又要从制度标准、机制、技术、应用场景等方面做好保障工作。

从概念上来说，环境监测多指通过各种手段，对环境污染物进行分析、监测、运用，以达到定性、定量地描述环境质量状态的一系列综合措施。

环境监测常被认为是大气环境治理甚至环保领域中所有细分领域的基础，它是衡量环境质量、检验治理效果的基础、根本和起点。环境监测在空气污染治理领域中发挥的作用主要体现在两个方面，一是为大气质量的判断提供数据标准；二是为空气污染提供数据监控。环境监测应用大数据、云计算等先进技术提高监测工作的效果和效率。

通常意义上来说，环境监测可按监测领域和监测对象两个维度进行分类。根据环境监测领域，可将环境监测分为对大气、水、土壤及其他污染物的监测；根据监测对象，可分为污染源监测、环境质量监测及其他类监测等。不同监测类型的运营主体不同。例如，质量监测的主体是各级监测站，而污染源监测运营的主体是涉及排污企业的各级监管部门。未来，随着对污染物排放标准及环境质量要求的全面提升，环保执法监管将逐步加强。我国在环境治理领域已开展对海陆空一体化的监测网建设，并引入社会资源第三方企业进行综合运营。智能环保一系列相关业务的开展，使得环境监测行业凸显了广泛的需求空间，从而具有广大的市场前景。

随着科学技术的发展，尤其是近年来人工智能新技术的高速和高质量发展，环境监测站点得以监测的数据，不管是数据种类，还是数据样本数量，都越来越多、越来越广，质量也越来越好，精细度也越来越高。如果按传统技术，将环境监测数据用人工操作的方式进行计算，不仅容易出现误差，而且海量计算的周期会被拖得很长，这就会使环境监测数据失去时效性，降低分析效率，影响环境监测效果。这一问题正逐渐凸显且影响日益加大，越来越不符合现代环保工作的新需求。

环境监测的数据具有大数据特征，因此可利用当下飞速发展的大数据和云计算新技术，以大大提高数据使用率、分析质量、分析效率，并缩短数据分析的周期。大数据和云计算新技术的合理应用，可有效弥补经济落后地区大气环境监测的空白，弥补其大气环境治理过程软硬件设施和技术的缺乏，对环境监测资源进行优化配置，达到提高空气污染物监督和控制效果及效率的目的。

同时，传感设备、电脑算力等支撑性技术和基础设施在近年也取得了长足发展，这使得互联网、物联网、新一代通信、遥感卫星、卫星导航、大数据与人工智能等技术，得以在大气环境治理等环保领域进行领域融合和深度运用，这些技术和基础设施的发展，使实现大气环境治理综合管控，逐渐成为现实。

从目的层面来说，本方案构建的"天、空、地"一体化立体监测平台，用于实现环保领域大气环境智能治理，连同水环境治理、土壤治理、固废治理等进行一体化、全面化、智能化的监测统管。

从技术层面来说，本方案是综合利用卫星遥感、无人机、地面相结合的"天、空、地"一体化监测平台。平台全面自动地紧盯企业等有关组织的违法违规行为，包括违规排放、违规开发等一系列环境污染和生态破坏行为，并通过高效安全的通信技术，向中央环保督察等相关机构提供监察结果。环保管理相关部门可依据系统提供的"天、空、地"数据支撑，在遥测感知设备和其他配套系统的支撑下，切实做好污染事故和突发性环境事件的应急监测、响应和评估。

从技术优势来说，卫星遥感高端芯片的研制成功，使得卫星遥感具备了大范围、全天时、全天候的优势，卫星遥感可周期性地监测信息变化和变化趋势，使得卫星遥感成为监测宏观环境动态变化的最可行、最有效的技术手段，它也成为实现环保管理精细化和信息化的重要手段。本方案将卫星、无人机、地面等各自的优势结合起来，并将其实际应用到大气环境治理，甚至可低成本地延伸到环境治理的其他各细分领域，实现"天、空、地"一体化立体监控。本方案在不同的应用场景落地应用，往往能发挥巨大的作用，使环境治理达到更好的效果（图7-1）。

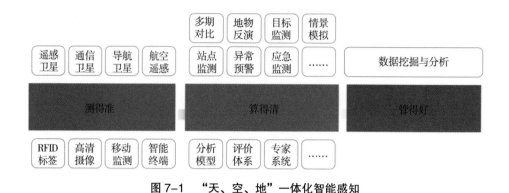

图 7-1 "天、空、地"一体化智能感知

超级计算机和卫星遥感高端芯片应用于大气环境治理，能实现对大气中的颗粒物、二氧化氮、灰尘、雾霾、秸秆焚烧、沙尘等污染物的遥感动态监测，系统在重污染天气应对重大活动时可提供预警等人机交互功能，这对空气治理发挥了重要作用（图 7-2）。

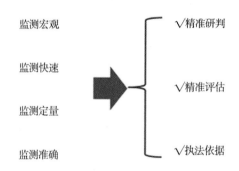

图 7-2 卫星遥感的优势

本方案还可以扩展到水环境治理等细分领域。例如，其可对城市黑臭水体、饮用水水源地、重点湖库水华、富营养化、流域岸边带等，实现遥感动态监测，有力支撑水污染预防和治理。

同样，本方案在大气环境治理中的应用，可以通过场景转移，低成本、低开发量、高安全性地扩展应用于环境执法、应急、核安全等一系列环境监管等常用应用场景。这些应用可辅助相关部门实现对秸秆焚烧、饮用水水源地等专项环境执法的环境监测。

另外，也可针对近海海域溢油事件、自然灾害事件等环境应急场景实现环境监测和预警。遥感监测应用于生态保护红线生态监管，实现了对污染源、违规排放、非法开发等的环保督察，本方案在突出环境问题处理、责任追究等多个方面都发挥了重要作用。

本方案应用于生态环境监测的各种场景之下，还可有效助力政府相关部门实现自然保护区人类活动、生物多样性保护优先区、重点生态功能区、海岸带动态变化、土壤污染风险防控等方面的监管。目前，政府已将此类智能监测的应用程度纳入考核体系。例如，在一些县域生态环境的质量考核评分体系中加入了智能监测的应用程度。在政府行政引导的作用下，将这种智能监测技术应用于各省、市、地区的生态环境质量监测、考核和评价工作中，有助于加强各级政府及相关部门对环境治理工作的整体把控。

无人机技术在本方案中也发挥了重要作用。无人机携带各种传感器升空，升空后对环境保护重点区域的环境污染、突发环境事件等进行及时、快速而准确的监测，其成本低、应用便捷、代替了人工，无疑是有效、经济、安全的技术手段（图 7–3）。

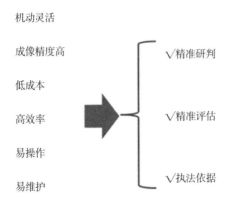

图 7–3　无人机应用遥感的优势

　　无人机技术和GIS等技术结合，对预计进行环境治理的区域进行网格化布点后对区域内的大气环境、水环境、污染源等进行实时监控、分析、评价、异常预警，成为环境监测中常用的直接、有效的措施（图7-4）。

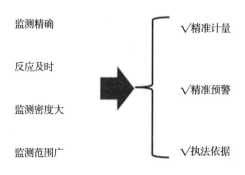

图7-4　GIS系统的优势

　　当无人机和卫星遥感获取的监测数据超过指标中预先设定的阈值时，本方案包括的信息传送子系统，会自动向相关管理组织机构指定的负责人发送信息，通过技术、系统和人力的结合，达到精准预警、提高环境监测工作效率的目的。运用人工智能新技术进行建模和数据分析，这些数据包括污染物排放总量、污染物排放点分布、污染物变化状况及趋势等。将这些数据与企业排放情况相结合，筛选出重点排污对象，这可为环保部门的管理决策、行动执法提供客观而有效的依据。

　　本方案中的新一代时空数据索引子系统，保持时空数据的原始状态，并能在线实时进行时空数据的全自动、高速、安全入库，入库数据用于构建面向实际应用场景的逻辑时空数据集合，时空数据面向内容，子系统还包括用于应用场景扩展的数据及元数据统一管理。

　　本方案还集成了外部第三方系统中与环境治理相关的数据和服务，系统支持服务聚合，提供个性化定制的按需服务；系统支持常见的时空标准服务，基于"天、空、地"一体化的立体监控，向外按需提供面向环保大数据的实时服务，方案为环保应用提供实时化、精准化的数据服务（图7-5）。

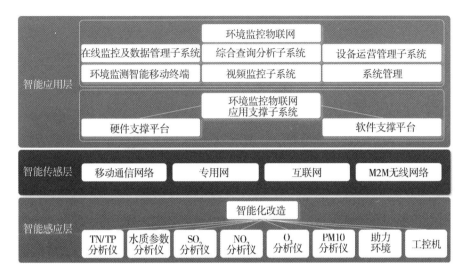

图 7-5　智能环保环境质量监测综合解决方案

　　方案还包括环境质量预警预报子系统。基于 B/S、J2EE、Oracle 及 Web GIS 等系统架构和技术平台，系统集成了预报模型和模式构建。当与大气质量相关的数值超过了预先设定的目标数据阈值时，系统会启动该预报运算模型，进行实时提示和报警；另外，系统还建立了大气质量预报可视化模块，基于大数据的信息可视化技术，可视化模块可实现对环境数据生动而有层次的展示和交互；同时，空气质量模型的模拟预测服务可以给环保相关部门提供和环境综合防治决策相关的一系列支撑，辅助环保相关部门实现环境质量的客观评价、环境变化趋势的科学预报、预警。

　　方案的环境应急管理子系统，将 IT、通信、数据库、人工智能等技术进行融合并统一整合。环境应急管理子系统将大气环境治理中可能包括的重点风险源数据进行数据采集、系统自动识别、数据挖掘和分析，然后对重点风险源进行分类、分级、评价；这一子系统还将风险源数据、内外部地理信息数据、污染扩散模型、应急管理流程相结合，提供一整套应对意外和其他突发事件的处置建议和处置方案。该系统促进了相关部门在环境应急管理工作过程中的流程化、标准化、系统化。

综上所述，本方案提供了一站式环保监管整体解决方案，方案从数据整合到多场景定制化应用，作为时空数据的统一管理、发布平台，具有免切片的技术和实时更新的优势。后续根据监测影像的变化进行数据提取及分析，直接通过最原始的采集数据即可完成；方案已经过大量的理论研究并进行了丰富的实践积累，目前已具备显著优势。

该方案一直在环保各领域进行应用、迭代、扩展，积累了丰富的影像、矢量等数据，这些积累使方案具有越来越完善的数据基础，利用这些丰富的数据，可对数学模型进行优化，对人工智能算法进行迭代、调优。在建模和算法调优的过程中，最重要的是输入，根据这些丰富、多样化、长时间积累的数据，方案已经具备了自我学习、自我提升的能力；同时，基于多年实践，方案已对各类应用场景下无人机、影像数据接收与处理等都有囊括，方便快速应用，通过很少的开发量，就能实现场景转移和模式复制，模型及算法也越来越丰富，同时，技术积累也越来越多；另外，本方案具有良好规划、极具前瞻性的接口，这使得本方案有和其他庞大的时空数据生态圈进行融合的能力，可以支持多种应用场景下的定制化应用，这又使得方案具备了资源整合、无限扩展的优势。

第二节　水环境治理

一、水环境治理的现状

我国水环境治理刻不容缓，我国所面临的环境问题虽然在某些方面看似好转，但总的趋势仍在恶化。

（一）国外智能水治理研究现状

在日本，智能水系统不仅基于现有常规的城市水务系统，更将对城市自来水、中水、污水等的处理整合为一体，形成高度一体化的智能水务处理方案，更方便地实现了数据收集。数据的收集、分析，用于对水务相关设备设施等的状态进行监控。在韩国，一些专家也已经开始研究智能水网建设的问题。韩国专家认为，智能水网将是未来水资源管理的趋势，智能水网是一系列重大而综合的技术，需要将城市水网的建设和现代通信技术与信息技术相结合，提高水务系统管理的效率。

（二）国内智能水治理研究现状

众所周知，我国幅员辽阔，人口密集，且人口的地理分布不均。从人均的数据角度看，我国是一个贫水的国家，全国有很多大大小小的城市存在不同程度的缺水问题。此外，灌溉农田的水散发着恶臭，而且漂浮着一些污染的泡沫（图7-6，图7-7）。

图 7-6　被污染的河流

图 7-7　被污染的运河

为使我国有限的水资源得到更合理更有效的利用，对水资源进行更加精益的管理就非常有必要。无论从政策支持角度，还是从水资源精益管理的技术实现角度，我国水治理水平在近年都获得了显著提升。

我国陆续出台了一系列的政策对智能水治理予以支撑。纵观党的十六大提出的科学发展观，发展低碳、循环经济，建立资源节约型、环境友好型社会和创新型国家；到党的十七大提出建设生态文明的新要求；再到党的十八大又强调将生态文明建设放在突出地位，期间的发展思路一脉相承，都充分表明了我国走绿色发展道路的决心和信心（图 7-8）。

图 7-8　党的十六大提出的科学发展观

在技术实现方面，我国水治理专家也提出了智能水务的概念，智能水务的思路是将人工智能新技术应用于水务系统，它是对城镇和农村用水进行一体化控制的重要途径。目前，中国已有一些城市开展了不同程度的智能水务建设。随着我国智能水务概念的提出、发展和普及，供排水产业链条内的企业对自身管理信息化、智能化的要求也越来越高。

过去，传统的以生产管理、管网管理、营业管理、无纸化办公等为主要内容的管理信息系统，正愈来愈多地呈现出弊端。传统信息化系统的各子系统大多各自为政，导致"信息孤岛"。

现在，智能水务系统从设计思想，到技术实现，都有了质的跃升。智能水治理系统，将数据共享、系统集成作为主要思想，嵌入其他多样化、个性化、定制化的业务系统，形成一体化数据管控平台。

现代化的一体化数据管控平台实现了数据统一管理、共享、挖掘，也为资料的管理、维护、查询、统计等日常管理功能提供了强大的工具和可靠依据，对越来越迫切的水务一体化管理需求的应对也越来越完善。一体化智能水务管理平台的建设，对提高环保相关部门在经济发展和惠民服务中的控制力、影响力、带动力，起到良好且重要的作用，更能给水治理各相关部门的日常管理工作提供强有力的能效依据。

二、水环境治理对人工智能提出新要求

中国有着占世界总人数 20% 的人口，但中国仅有世界水资源的 7%，也就是说，我国人均水资源量约 2220 m^3，这个数值仅是全世界平均水平的 1/4。水资源缺乏必然会制约经济发展，我国的水务管理不得不思考如下诸多严峻的问题，例如：开发新的水资源经济成本很高，这种低效益无法有效调动社会资源的积极性；水资源在运输转移过程中存在过高的漏损率，即浪费优质水资源的现象，在我国国民节约意识欠缺的当前，这一现象异常严重；随着能源开发、运输成本、人力资源成本的逐渐提高，水处理成本也随之越来越高；居民供水需经过取水、

输水、净化、配水等一系列供水设施，这会消耗大量能源动力、药剂、人力资源等，这些资源的持续有效投入，才能达到居民供水标准，而我国目前过高的漏损率，既浪费供水设施，更是对大幅增加供水成本起到了推波助澜的作用；供水设施经多年使用后，会被腐蚀，若供水设施被腐蚀破坏，不仅会造成水的漏失形成浪费，更会增加管道中的水被二次污染的高风险，这种被腐蚀的破旧设施会直接影响供水链条的连续性、安全性，同时也给环境带来了消极影响。毫无疑问，国内外的供水企业无不将控制水务产销差、加强供水网络的水漏失控制当成企业管理的关键。

随着工业化进展不断进入深水区，我国水污染现象越来越严重，水污染有多严重，就给水环境治理带来多严峻的挑战，借助新技术进行污水治理成为必然。而当下人工智能新技术是热门课题，其在水治理中的应用成为大势所趋。

水污染治理同环保中其他细分领域相结合，担负着社会绿色发展、环境保护、生态文明的沉重而伟大的使命。从一定程度来说，一个国家或地区综合评价水污染治理的有效性，以及投入产出比的情况，往往可以作为这个国家或地区综合能力的重要体现。如今，网络技术和信息通信技术等基础设施都非常发达，大数据分析也为各行各业提供了更科学的数据处理方式，这些新技术都可以应用到水务系统。建立智能水务系统，不仅能将水务相关部门的工作一体化，也能让公众的生活更便捷。这使得提升我国水治理综合能力，优化我国水资源优质配置的重要性凸显。当然，这一系列伟大的目标，也必然对将水环境治理同人工智能新技术进行有效结合提出新的挑战。

智能水务是将水环境治理与人工智能新技术结合的成果之一，智能水务对人工智能关键技术如智能感知技术、云计算技术、大数据技术、信息安全技术等也提出了新的要求（图7-9）。

第一，智能水务对智能感知技术提出新要求。建设智能水务的过程离不开海量数据，利用大数据实现对水务现状的分析和描述基于数据采集，数据采集就需要数据收集的前端感知设备。

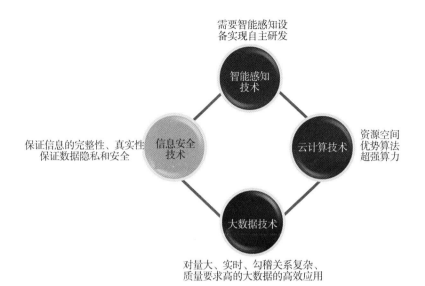

智能感知技术
需要智能感知设备实现自主研发

云计算技术
资源空间
优势算法
超强算力

大数据技术
对量大、实时、勾稽关系复杂、
质量要求高的大数据的高效应用

信息安全技术
保证信息的完整性、真实性
保证数据隐私和安全

图 7-9　智能水务对新技术的要求

目前，在我国收集数据的智能感知设备中，中低端设备大多由国内企业生产，而几乎所有高端传感设备都是从国外进口。这些传感设备被安装在地理空间中合适的位置和角度，按照测量目标设置并确定数据的测量点，同时将这些测量点按一定逻辑顺序进行排列，实现系统需要的全面、连续的数据收集。

其中，RFID 是现在应用中最主流的智能感知设备之一。RFID 具有很多显著的优势。首先，其在水、电磁等环境中都具有较强的耐受性，因此相对不易受环境影响，而水治理环境多较为潮湿，这种工具的独特优势使其在水治理数据感知方面具有得天独厚的优势；其次，RFID 设备可以在无接触情况下实现各种复杂操作；最后，RFID 具有较快的读取速度和较强的数据读取能力等。

RFID 这些优势使其已经成为智能水务系统的必备硬件之一。将合适的 RFID 标签找到合适的位置，将其放置于数据获取的目的装备上，这些装备包括水务管线等，通过 RFID 与 GIS 技术相结合，能非常快地实现数据采集，以及对数据采集的前端进行简单分析，这些从各测量点采集的数据能直接在 PC 或移动设备的水务管道地图上显示，同时还能显示出该测量点的其他信息。无论在施工环节还是在后续故障维修环节，RFID 都能更方便地实施，还能减少意外事故的出现。

第二，智能水务对云计算技术提出新要求。智能水务需要把前端所采集的数据经过筛选以后传输到云。云端服务器对数据进行特定计算、分析，并根据分析结果对水资源配置进行优化、调整。这种基于互联网的云计算新技术，使水资源的调配更高效、更灵活。

水务的一些计算对资源要求较高，一般本地的服务器要匹配这种高要求，需要极高的配置，这无疑意味着要支付昂贵的费用，而云计算正好能解决此类问题，将对资源消耗较大的计算环节放在云端，云计算技术利用其可无限扩展的资源空间、优势算法、超强算力，就能对客户端传来的数据进行处理。

水务的这种云服务，我们可以叫作"水务云"，"水务云"大大提高了水务相关运算和分析的速度及质量。云技术可同时为水务提供更大的存储及更快的数据计算，实现了海量水务数据的传输、交互，为水务的生产和管理提供优质基础设施。

第三，智能水务对大数据技术提出新要求。大数据建模及分析，无疑是时刻要处理海量数据的智能水务的又一重要技术。同时，大数据技术不仅对智能水务很重要，可以毫不夸张地说，它几乎是各行各业智能化发展的基础。

水务运营各个过程都会产生海量数据，其中不仅包括生产环境、运营环节，还有各层用户的反馈环节等。这些数据具有量大、实时、勾稽关系复杂、质量要求高等一系列大数据特有的特质。从智能水务系统获取的原始数据，一般都需要经过初步的清洗、筛选才可以使用，大数据分析中有很多成熟的数据清洗和数据筛选算法，这些处理能将数据从无序转变为有序，并能筛选出其中有统计价值的部分，这部分数据就如同宝藏一样，有很多潜在的价值。

由于网络传输慢、计算机算力差等客观原因，之前传统的水务管理不得不放弃了许多有用数据。经验证明，之前并不具备使用大数据进行分析的条件，既然没有使用全量数据，那么这些数据毫无疑问就完全没能发挥真正的价值，这阻碍了水务管理的效率。因此，智能环保需要实现对各个阶段的大数据进行高效应用。

第四，智能水务对信息安全技术提出新要求。从上文中的描述，我们可以得知，我们需要将与水务相关的大量信息投入到网络，需要将数据提交到云服务器上进行云计算。

一旦重要的业务"跑"到外网上，信息安全问题必将随之而来。可以通过人工智能的算法建模对用户进行画像，对包括水务系统本身和用户的信息进行保护，也必然要有基于用户画像的针对性。

存储到服务器中的水务数据，一般不可随意篡改。同时，要确保当云端数据返回到对应设备时，数据要准确。因此，我们必须对数据进行保护。一方面，我们要保证所采集数据的完整性、真实性；另一方面，要确保水务信息的安全。此外，我们还需要对重要的数据进行远程灾备，以防数据被外部不可抗力，或来自各种渠道和运用了先进技术的人为恶意破坏，在这种情况下，灾备操作可避免损失。

三、城市综合智能水务方案

城市水治理的规模越来越大、服务也越来越个性化、水治理体系越来越复杂，因此，城市水治理的落后现状和水务部门对水治理整体联控的迫切要求，以及企业及居民个性化的水务服务需求，多方之间的矛盾越来越凸显。人工智能相关技术的发展为实现城市水治理提供了技术可行性（图7-10）。

城市智能水务系统，是城市水务系统对城市用水的详细情况进行一体化管控的重要途径。一个完善的城市智能水务系统，可对全城范围的供水、排水、防洪、污水再利用等，进行完善有效的统筹管理。目前，我国的一些城市已逐步开始了智能水务建设，各个城市从不同角度、不同程度对智能水务建设所需关键技术进行了验证，重新思考和分析了城市水务管理的发展战略。

农村污水治理

城镇污水处理

工业区污水

技术和设备类型众多、质量良莠不齐；农村环保机制不完善、监管环节薄弱

跨地域大，人力、时间、费用消耗严重，整体运营效率低

园区集中式污水处理厂依然存在排水不稳定的特点，不能保证废水的稳定达标

图 7-10　多层水治理系统

我国是一个缺水国家，全国范围内不同程度缺水的城市有很多，为使水资源得到更加合理的应用，就有必要在各个层面，用各种手段对城市水资源利用进行合理管控，因此我国多个城市的智能水务建设遍地开花。

本方案中，城市智能水务系统有效地将城市各项水务功能打通，管理部门可方便地对水务系统进行集中管理，也顺势将水务管理从之前的多部门交叉，转换为现在的一个部门统筹管理，极大地降低了沟通成本，同时也提高了实施效率。

本方案中，城市智能水治理系统是一整套城市水务的解决方案。其通过利用人工智能等新技术，极大地促进了地方水务的管控质量和管控效率。该方案在日常管理、现场维修、优化管网和分区计量方面和传统系统相比，有了质的跃升（图 7-11）。

强化水务日常业务管理

提升现场维修管理

优化管网运行管理分区计量

图 7-11　智能水务方案的综合功效

（一）强化水务日常业务管理

方案包含管网管理信息子系统。管网管理信息子系统以供排水管网管理所涉及的日常业务为主，实现了区域内管网及设备设施的一体化管理。该子系统以城市的基础电子地图、与供排水管网管理相关的电子数据等信息为核心和依据，实现了对涉及区域的全域管网设备可视化。可视化的结果是可通过客户端对这些管网进行图形化浏览、图形测量、管网信息查询和统计、影像和数据处理、设备设施远程监控操作、业务数据钻取式分析等。这一系列重要功能实现了人机交互，通过简单明了的信息可视化表达，以及便捷的操作，就能实现对整个城市供水管网的整体管理。

方案的供排水综合管理信息子系统，采用了数据叠加分析、网络拓扑分析、数据挖掘等一系列先进的数据分析处理技术。借助人工智能先进技术，子系统实现了对城域管网的拓扑分析、开关阀门设计及操作方案分析和优化、管网漏水监测干预、水压水流监测、测压曲线图自动生成、断面三维可视化显示、断面诊断监测及干预、故障及事故处理的辅助决策等综合而复杂的功能。该子系统为管网管理工作中的决策提供辅助支持，帮助水务系统各类机构、人员对城市水务的管网突发故障等事件，做出迅速反应，并依靠系统采取和分析所得的数据，进行客观决策。

供排水综合管理信息子系统与其他内外部系统都有大量的数据和业务联动，因此这一子系统对外提供了有层次、复杂且丰富的接口。目前，已实现与SCADA、远传水表等多个外部系统的集成，对水务管理所涉及的供排水管网调度、监测实现计算机自动管理。

在本系统中，符合权限的操作人员可以生动直观地使用各类信息。这些信息包括管网监测所得实时、多方位的数据等。在系统中，也可以对现有数据进行交互式智能钻取，对历史数据进行追溯等。该系统依城市供水调度的实际需求，紧密结合其真实的业务流程，实现了水务系统中各级工作人员可以通过GIS系统对其进行调度管理和业务管理，进行业务和断水等分析，帮助城市水务实现调度管理和监测管理的科学化和自动化。

供排水综合管理子系统将 GIS 的管网综合管理和水务实务中的工作流程相结合，实现了水务工程各阶段信息化及信息可视化，实现了水务运营单位资料的数据统一和管理统一。这些资料内容广泛，包括但不限于项目计划书、方案草图、设计图、竣工图、预决算书等，囊括了排水综合管理所有类型的文件，从而实现了水务系统各种复杂信息的动态更新、流转。

方案本着优化客户服务的理念，细致而全面地考虑了客户在向外提供水务服务过程中的各类事务，为其工作提供了强大的数据支持，借助人工智能先进的数据获取和分析技术，实现了水务系统的全面信息化和自动化。

（二）提升现场维修管理

在传统的水务管理中，现场维修管理向来是城市水务管理各环节中的重点和难点。方案针对传统工作模式进行了转换，体现出了显著的优越性。

在传统工作模式中，业务部门对现场作业人员的调度管理是依靠人力进行，由于人的响应速度的滞后性，很容易产生管理纰漏，工作效率低下的同时，还易于引发争端，甚至由于失误还能引发事故等严重后果，造成不必要的损失。

本方案的模式创新之处在于，其供排水综合管理子系统采用移动 GIS 技术，在新技术的支撑下，系统能为现场维修作业提供数据支撑。现场作业人员用手持智能设备即利用移动 GIS/GPS 技术的设备，可进行智能管网图的互动式浏览，还可以对水务设备的各类信息进行查询及分析，并能对业务信息进行管理，对作业现场的辅助测量和 GPS 定位，以及作业现场数据采集回传等进行操作。

除此之外，新系统还为水务系统的室内类型工程管理人员提供现场指挥、工作调度等功能。该功能帮助管理人员对现场移动终端执行实时监控，了解现场施工人员的实时位置及行动轨迹，了解他们当前的工作状态等。这种举措帮助施工管理人员能够对现场作业人员的状况了如指掌，对室内施工作业进行及时和有效的管理。管理人员通过无线网络在 PC 机上就能将支持作业的业务数据传输给现场人员，对现场作业人员进行维修任务派发、维修信息审核、维修信息双向同步及服务的确认评价等一系列操作。

（三）优化管网运行管理分区计量

要控制水损，就必须对水务各流程进行细致而有效的管理。使用管网运行管理分区计量（DMA）管理，水务运营公司的各部门就能掌握供水整体状况。

通过技术分析，这种管理能计算出各项费用，并能缩小管网排查范围，更易于分析水资源漏失的原因，暴露隐蔽的问题，使这些问题得到解决，优化管网运行，降低区域的产销差，减少水务链条中各个企业的经济损失。DMA技术将供水区域的封闭式区块划分，依据各区块的实际情况进行有针对性的多级分区管理，做好数据的采、用、管等工作，为最终管网优化提供科学依据。本方案基于人工智能的先进新技术，支持对指定城市的整个供水区进行划分，使当地水务运营公司能按区域进行管理。

事实证明，方案实施后效果良好，收益显著。管理科学的水务企业就像健康的人体，它能迅速感知世界，并对外界各种事件有针对性地采取措施。如果将水务系统的供排水管网比作人的神经组织，那么管网管控信息化系统无疑就是人体的神经系统和神经传导机制，这种系统将从外界获取的有用信息迅速而准确地输入给企业决策者及作业人员，辅助决策者或作业人员采取合适的行动，这恰如我们应对这个世界时，我们的眼睛、耳朵、手脚瞬间将信号告知人的大脑，大脑做出反应，当危机来临，我们就出手接触这种危机，保持我们的身心健康。

本方案所应用的这种新机制，对水务公司实现现代化管理有举足轻重的作用，在提升经济效益和社会效益层面也意义非凡。

第一，部分水务公司对分区计量技术和大数据分析及智能感知等新技术进行综合应用，较之未使用智能水务系统的情形，供水服务的产销差降幅高达80%。

第二，利用智能抄表系统，杜绝了手工时代的抄表员估抄、水表失效、故障等导致的水量流失，降低了水损，极大地压缩了水务公司的经济成本，提高了经济效益，对严重缺水城市的水源节约也起到了关键作用。

第三，智能巡检系统能及时发现管道明漏、暗漏、渗漏，以及偷盗水、阀门开关漏水等各种常见问题，相关人员在智能水务系统的辅助下，能及时对此做出处理，降低产销差。

第四，现场抢修和维护系统在巡检中发现管道、阀门、开关漏水时，甚至普通民众看到漏水设施有问题时，都可以实时把现场全面的信息快速反馈给系统，系统做出高效又智能的反馈，及时处理突然问题，提高检测和维护的有效性，给水务运营企业带来显著的经济效益，对全民带来良好的社会效益。

四、城市智能污水处理厂

随着国家《水污染防治行动计划》的实施，江河湖海的水环境治理和保护正受到人们越来越多的重视。我国污水处理厂有数量多、分布广的特征，目前，数量持续增加的同时，运营成本也节节攀升。过去传统的监管方式已无法满足现在的发展要求，现在的污水处理厂面临着效益提高、运营成本降低的双重压力。如何高效地监管城市里的各污水处理厂站，给水务集团的管理水平提出了更高要求。

我国一些专家学者和企业对此展开探索，他们借鉴"智慧地球"的先进理念，在"智慧城市"的指引下，参照国外的先进案例，相继开展 "智慧水务"建设的新实践。这种新模式通过智能传感技术、新一代网络通信尤其是移动通信技术，将信息系统与水务系统相结合，构建全方位的智能水务系统。这种新模式将极大提升污水处理厂的整体运营水平，使污水处理厂在水环境治理中发挥更经济、更高效的主力军作用。

污水处理厂的运行想要实现智能化，就要减少对污水处理运行系统的人为干预，根据各厂进水水量、水质等一系列信息，由智能水务系统制定出污水处理厂的最优运行策略，优化厂内污水处理流程的控制方式等，甚至自动控制污水处理的运行，使污水处理厂实现在水质达标的前提下，运维成本最低的目标。

就建设内容来看，污水处理厂智能水务要实现主处理、辅助处理中各个单元的智能化。污水处理厂的智能化，首先要保证厂内事务运行安全、出水水质达标，在这一基础上，对污水处理系统的各个单元进行全面的检视和优化，最终实现智能水务的建设目标。污水处理厂智能水务要提高污水处理厂整体运行的自动化、信息化、智能化水平，减少能耗和药物等物料损耗，降低运维人工及物料成本，最终提升污水处理厂的经济效益、环境效益和社会效益。

本案例以某城市污水处理厂的智能化实践为例，展示智能水务管理系统的建设目标、范围、内容、系统架构和功能，以及智能优化中所使用人工智能先进技术的方法和手段。智能污水处理系统分为基础数据库、智能操作运行系统、专家诊断系统、智能仿真培训系统、公共管理系统等，极大提高了污水处理厂的综合管理水平（图7-12）。

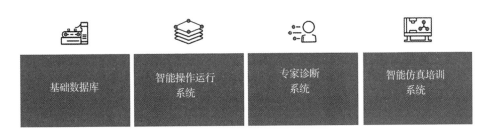

图 7-12　智能污水处理厂主要建设内容

从整体目标来看，城市智能污水处理厂要有更高的运行自动化水平，并要致力于减少人工干预的各项操作，降低工人的劳动强度的同时减少误操作，提高工作效率并降低人工成本。要想实现整体智能，就要先实现信息化，包括实现对设备、系统远端监视和操作等。

从建设内容来看，城市智能污水处理厂含设备层、处理单元层、全厂系统层3个层面，全面对污水处理厂进行智能优化。

（一）设备层

利用信息化系统对污水处理厂设备进行全面清点并编制清册，用于排查设备的状态，这种排查是全方位的，包括以下几个方面。

①确认设备的操作模式，自动还是手动。

②确认使用频率，是频繁操作还是偶尔操作，或者安装预制后若无意外则不变动。

③确认设备运行情况，运行状态与出场时原设计的性能是否相符，以及是否需要优化。

④确认设备在污水处理的系统运行中的作用，按作用归为主工艺关键设备、辅助设备、对全厂的能耗及药耗影响多大、对智能系统的建设有哪些诉求、有哪些影响等。

据此一系列实际信息，将设备按重要性如操作是否频繁、对污水厂的能源和消耗影响大小、是否关乎整厂智能化运行的关键工艺和关键设备，将综合影响的大小按需按序整理，列入智能水务建设优先级清单。

这种设备层的排查和管理，为后续实现整厂智能化的首要方面，实现设备运行自动化奠定了基础。而运行自动化程度与状态参数的自动采集和传输息息相关，设备远端在信息交互顺畅的情况下才能实现自动控制。设备性能是否提升，要依据基于大数据时序数据算法的结果，建立设备性能曲线，综合考虑各设备的投入产出效益等因素，最终决定是否及以何种程度实现自动化、智能化优化改造。

（二）处理单元层

对各处理单元逐一进行检视，以确认其运行状态，这种检视包括多个方面。

①该单元的运行工况，能否通过远端自动控制予以调整。

②确定处理单元运行工况的内外部输入条件和参数，该单元运行状态的内外部参数是否可自动采集和传输。

③确认各单元在不同输入条件下达到处理要求时的最优工况。

根据以上信息在系统中建立起各单元的数学模型和控制逻辑，并根据实践中内外部输入参数确定各处理单元的最优工况，同时通过远程控制来调整各单元的实际运行状况并记录最佳运行状态的参数等信息；根据收集的能描述各单元运行状态的内外部参数，分析实际运行状态，这类数据用于对人工智能算法建模的模型进行训练、验证、调优；根据内外部参数变化情况，调整处理单元工况至最优，记录的多组数据就是算法的训练输入数据，记录到系统中作为后续单元运行的参照标准；对处理单元进行多次调试优化，使各处理单元能根据外部条件实现自动运行，在保证处理程序政策、效果达标的情况下，使得资源耗损最低。后续的模块运行就依据这个控制逻辑和数学模型实现自动化和智能化。

（三）全厂系统层

全厂系统层是指各个运行单元的系统组合。全厂系统层的主要工作是提高各设备操作的自动化水平，使各设备充分发挥其最优性能。

首先，将各单元逐一调优。对单元层的泵房、生化反应池、二沉池、澄清池、滤池、加药间等，按单元逐一优化，确保各单元能在不同水质水量下，以最优工况运行，尽可能实现单元的自动化、智能化运行，降本增效。但事实是，各单元分别最优，进行组合后不一定必然整体最优。

其次，将单元加以聚合后进行系统调优。在全厂范围内要将各单元按业务需求组合后进行系统调优，接着将各单元组合体视为一个有机整体，探索系统最优方案，逐次合并组合，从而在全厂层面寻找最优运行模式。

在智能优化的方法及手段方面，在实现智能水务之前，污水处理厂的传统运行优化主要是靠原始的人工手动来进行，并且这种人工手动优化完全依赖操作员的实际经验。人工手动优化时，按污水处理厂的实际运行情况，并根据各单元和设备的设计参数，再参照当前单元和设备的实际运行状态来考虑，最后依靠工程师的理论知识并结合实际经验来设定、调整各单元和设备。

这种模式存在了若干年，也是之前的主流模式，因此有其自身优点，并不是一无是处。这些优点主要体现在灵活性上，对于成熟的操作员来说，他能应对所有情况，因为应对问题的思路都是有迹可循、有理可依的；同时，工程师在解决某一类问题的时候，或许还能顺便发现其他未曾发现的问题，综合解决多个问题的同时，对于类似意外情况又有了新知识、新技能、新经验。

但其劣势也很明显，人工手动的优化效果往往受限。一方面，受工程师个人能力水平的限制；另一方面，其经验不似计算机程序和数据那样容易传承，并且对人工的依赖也大大限制了调整的及时性和规模性。

建设智能水务，就是要利用计算机的辅助作用，充分发挥人工经验的同时尽可能克服其缺点。

首先，要对处理设备和处理单元进行抽象和模拟，拟合其性能曲线、建立其数学模型、确定其控制逻辑，进行污水处理厂的智能优化。

建模的一种方式是公式法，即可以依据理论公式、设计公式等进行建模；另一种方式是大数据分析法，这对于已经运行一段时间，保存有较多运行数据的污水处理厂比较适用。

其次，利用统计学方法，进行数据相关性分析，对受多重影响因素的进行降维，以确定主成分，建立相关性方程、曲线等。

此外，智能水务系统要有"自适应""自学习"的功能，通过运行经验的积累，要能不断提高自身的优化水平。另外，还要充分发挥人工经验的作用，将人的经验充分融入智能水务系统中，以免多年积累的人力操作优势经验被遗失。污水处理厂的每个设备、单元情况不同，可以根据实际情况采用不同的方法。

城市智能污水处理厂的水务管理系统的架构及功能都具有明显的先进性。这种先进性体现在多个方面，除基础数据库外，智能污水处理系统包括智能操作运行系统、专家诊断系统、智能仿真培训系统等若干个子系统，以实现不同方面的应用（图7-13）。

·利用信息化系统对物料清点编册
·确定设备运行状况
·设备自动化、系统化

·各单元系统组合
·组合间个体逐一调优
·单元聚合系统调优

·逐一单元检视
·确认输入条件和参数
·确认最优工况
·最优状态抽取及建模

图 7-13　方案系统构成

1. 基础数据库子系统

为便于污水处理厂相关业务和管理数据的存储、管理、应用，方案建立了统一的基础数据库，基础数据库用于为其他应用系统提供基础数据。

数据库第一类数据是污水处理厂的进水水量、进水水质、出水水量、出水水质、活性危险废弃物（简称"危废"）浓度、外排危废量、各种药耗、能耗等基础运行数据，以及运行过程中的设备和运行单元的相关数据，如压力、阻力、开度、水位、流量、风量、溶解氧、转速、功率等。

数据库第二类数据是各类设备和单元的性能参数、数学模型等，即设备的性能曲线和智能优化中针对需处理的各种特定场景而建立的数学模型等。

数据库第三类数据是管理数据，如各种经计算生成的数据、统计分析数据、日常管理的其他数据等。

2. 智能操作运行系统

如上述章节所述，智能操作运行系统的主要功能即根据外部输入条件的变化，通过智能预报、自动控制、调整优化污水处理厂运行状态，达到安全运行、出水达标、经济高效的目标。因每个污水处理厂自身的实际情况和智能技术发展水平不同，导致应用该方案的污水处理厂智能操控程度不同。

3. 专家诊断系统

污水处理厂的日常运行中会出现各种问题，如出水悬浮物浓度超标、危废上浮、危废膨胀、泡沫问题等，这些问题的解决方法可被集成到该智能系统中。将工程师的丰富经验放入专家系统后，专家系统可供经验较浅的工程师查阅和使用，并且，随着系统运行的持续，这种知识、经验库还将不断累积，又可以据此不断完善专家诊断系统，逐渐完善和优化智能诊断和处置功能，提高系统处理更多、更复杂问题的能力。

4. 智能仿真培训系统

与石油炼化等行业一样，污水处理厂的运行工程师对经验的依赖性很强。

现状下，培训若在现场进行，存在很多很现实的困难，包括费用高、效率低，且正在运行的工艺也不能被随意调整等一系列问题，这就使工艺其他运行状况的知识和经验，不能被及时、全面地灌输到经验较浅的工程师那里。特别是一些不常见工况和突发状况等，其发生和发现是需要机会的，具有绝对的偶然性，突发状况的出现与培训的节奏并不一致，那么这种培训就更难得了。

而智能操作系统已对全厂处理工艺做了工艺抽象和数学建模，并以此为基础建立了污水处理厂的智能仿真系统。这种仿真系统支持经验较浅、需要培训的工程师们方便地开展其日常状态、应急状态等各种培训。将污水处理厂的运行历史记录和专家的知识经验进行整合管理，并同步到智能仿真培训系统，系统的培训功能就越全面了。

该模块的另一个重要分支就是日常管理子模块，如药品库存、运行排班、人员调度、巡查检修、各种报表、数据汇总统计等。污水处理厂与总部间有许多数据需交互传递，同时，污水处理厂还与外部客户和公共关系实现联动，这些客户和公共关系主要是指中水用户和政府，这种联动极大地提高了工作效率。

人工智能的兴起，使得计算机已能战胜人类最好的象棋手、围棋手，自动驾驶汽车技术也方兴未艾。因此，将人工智能的新技术引入水治理的各个领域从而实现智能水务，给大幅提高水厂运营中的运行自动化、信息化、智能化水平带来了新机会，这种利用了新技术的新模式，使污水处理厂的运营能力得到质的提升，这种能力提升可以更加经济、高效地发挥环境效益，为社会发展做出更大贡献。

五、乡镇企业智能水治理方案

统计发现，我国对水污染造成巨大影响的诸多企业中，乡镇企业占很大比例，因此本方案针对乡镇企业展开水治理方面的探索。乡镇企业最显著的特点要属布局分散。乡镇企业中存在"乡办企业办在乡，村办企业办在村，户办企业办在家"的现象，这就导致了环境管理难、污染治理难。

其中，水环境污染问题是乡镇企业造成的最严重的环境问题。多数乡镇企业是技术水平极低的作坊式小微企业，其中也不乏给环境造成重大污染的类型，其中包含小造纸厂、制革、印染、冶炼等耗水量大、有极高污染风险的工业制造业，由于乡镇地区监管缺失，大量污染废水有时未经任何处理就直接倾入乡村河道，造成水体的大面积污染。尤其在乡镇企业较集中的东南沿海发达地区，水体黑臭，难以找到一条干净河流的现象并不少见。更为严重的是，水体污染严重影响着工厂生产及居民日常生活。对居民日常生活的影响，有时候甚至是致命的，就像本章节最开始列举的几次重大恶性水污染事故那样。

本方案以数据共享和系统集成为主要思想，同时嵌入其他基础子系统和业务子系统，形成一个实时在线的一体化数据管理平台。方案实现了水治理数据的统一管理，并利用人工智能先进技术进行了数据共享及数据挖掘。方案体现为一款利用人工智能技术的信息管理系统，系统率先将人工智能新技术在物联网场景中予以深度应用，实现了污水运营辅助决策，为用户提供了一个科学化、专业化、规范化的整体运营管理解决方案。

然而，政府归口部门与水务运营部门的诉求一般大不相同，针对这种不同身份，以及不同身份产生的不同视角，方案对不同规模的水务集团、不同级别的政府水务管理职能部门等，实现了模块化、定制化、个性化的综合服务。

乡镇供水资源应用与管理信息系统，在提升水务综合管理方面取得了显著成效。供排水管网是水务运营的一项重要基础设施，也是城镇、乡村企业、个人供水系统的大动脉，它们担负着将合格、优质的水源输送到最终用户端，将污染水统一无遗漏地汇入污水处理机构的指定区域等重要职责，供排水管网无疑对供水系统有着极其重要的作用。

乡镇供水资源中的供排水管网与城市大不相同。城市的供排水管网大多埋设在地下，且规模更庞大、规划性较强、管理也大多细致精准；相比之下，乡镇水务的发展也与城镇本身发展一样，缺乏必要的规划、管理粗放滞后、居民及企业主环保认知欠缺，所以乡镇的管网连接结构更无序、更复杂，对管网的维护、保养、调度又多依靠人工和经验，此时已经越来越难以适应乡镇不断扩大的规模。因此，不对乡镇水务管网进行必要的信息化建设，不对管网实行数字化管理，根本就无法得知污染企业的用水、排水、污染等任何情况。

通过物联感知，可实现对乡镇供排水管网的管理。可通过设置必要的参数实现管网在线监测，对供水业务实行在线管理，将供水、排水的调度实行一体化运营，使之形成一个对乡镇排污排水管网进行管理的综合数字化平台，为乡镇污染企业的用水和排污情况提供可靠的数据支撑。

针对乡镇污水点多、面广、分散的管理难题，专门研发的智能农村污水管理系统可对各排水站点进行远程监控，同时能进行指令传输，还可进行远程操控。这一系列举措，都有助于实现乡镇连片整治设施得以长期、稳定、高效地运行，有助于确保乡镇连片整治设施的长效管理。

方案的初心是以智能水务助力美丽中国的建设。作为智能水务的先行者，方案对改善人类水生态环境，实现水与水互联具有推动作用，为政府智能部门和终端客户创造持续价值，方案对乡镇企业发展甚至对乡镇整体的经济都具有重大意义，同时，这一方案也和党在十八大报告中提出的建设"美丽中国"的概念不谋而合。

本方案的信息化系统包含多个基础子系统和业务子系统。其中，重点子系统有智能抄表管理系统、巡检管理系统、现场抢维修管理系统等。这些子系统作为整体方案建设的核心，可以帮助相关企业或部门在日常工作中对用水量进行控制。本方案是供水企业服务理念的提升，也是供水企业管理水平升级的体现。

这几个核心子系统的建设顺序和意义如图7-14所示。

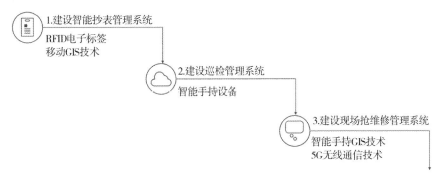

图7-14　方案系统构建

第一，建设智能抄表管理系统。系统运用物联网的核心技术，如RFID电子标签技术及移动GIS技术等，结合智能手持设备，改变了手工抄表的旧模式，实现了自动化抄表，即它彻底取代了原有的"一人、一笔、一本"的传统抄表收费模式。一方面，系统通过供水营业机构的收费系统接口，将营业管理的抄表、审核全部实现无人化、自动化、实时化，这个子系统极大地避免了由人为差错引发的关系水、人情水、无名水；另一方面，提高抄收效率的同时，还堵住了管理漏洞，极大地节约了水资源。

第二，建设巡检管理系统。系统结合利用智能手持设备，给对外业务中的巡检工作建立了有效的监管手段。系统通过应用人工智能技术，可应对对外业务巡检工作人员在巡检过程中遇到的各种情况，如巡检总里程、巡检质量、上报事件的自动考核，并由系统自动对巡检考核所需数据进行智能分析、汇总和上报，杜绝传统人工考核、统计过程中存在的各种弊端，使巡检工作真实、客观、高效地发挥真正作用。同时，巡检上报信息中的疑似事件，可在第一时间自动回传到维修部门，系统发出预警，提醒负责人员对事件采取处置措施，减少了管网漏失可能带来的损失。

第三，建设现场抢维修管理系统。系统运用了一系列与人工智能相关的先进技术。其中，大量运用了移动 GIS、5G 通信、智能手持 GIS 等技术，建立了系统总调度中心。调度中心是户外作业人员与指挥中心、户外作业人员之间进行实时沟通的渠道，调度中心工作人员通过系统，可以实时了解到每位在外作业人员的工作位置及工作状态等重要情况，并由此实现系统优化调度，以最短的时间和最优的资源协调完成外业抢修维护工作，达到减少故障、事故产生水量流失及泛化的不利结果的目的。

六、智能中控水表系统

随着城市智能化水平的提高，反映城市智能化水平的水务也在高速发展，水务抄表这个与老百姓关系最密切的业务也越来越受到人们关注。传统方式存在诸多问题。例如，水表常年处在阴暗潮湿而隐蔽的环境，无线通信的干扰和功耗问题很严重，水表的使用和分布不均，移动基站信号有时覆盖不到城市郊区。这就需增加中继设备及网络基站。

本方案针对以上问题建立了基于物联网的新模型。这种现代化智能中控水表系统有感知层、网络层、应用层 3 层架构。

系统的感知层，用于解决水表读数识别问题。

系统的网络层，应用了 LoRa（Long Range）技术，这种技术是一种新的低耗广域网技术，因其低功耗、远距离、抗干扰、低成本的优秀特质，比传统无线通信技术更适合解决有障碍物场景的设备互联和通信问题。为使系统能接入公网进行网络服务器搭建，技术架构选择 LoRa+GPRS 组合网络层通信模式。

系统的应用层，是根据水务部门、设备管理员与普通用户实际需求而进行的一系列应用，应用层需要具备数据分析、反馈能力。这种能力是自动抄表技术和人工智能数据挖掘技术的结合。方案具有的显著特色表现在多个方面，包括基于智能中控水表的实际业务需求，采用了适用的私有通信协议设计，依托系统样本数据进行数据挖掘，能对使用者提供决策支撑。

智能中控水表系统具有丰富的功能。前端数据采集设备具备将多表数据互联上传的功能，并且和后台服务器进行了定时连接，终端水表的数据直接写入后台数据库，后台基于 SSH 框架技术设计，系统对用户权限和数据仓库进行了统一管理。设备管理员可监控设备状态，并执行设备报修，数据分析模块可对外提供指导，分析结果可以为管理部门提供客观的基于数据的决策支撑（图 7-15）。

水表数据入库　前后台数据连接打通　前端数据上传　权限分配设备维护　决策支撑远程操控

图 7-15　方案功能展示

系统的数据分析功能将智能水表、后台系统、数据分析相结合，为当前的智能抄表提供了一种新的设计方案。该系统具有明显优势。

1. 服务升级

移动客户端全面进入普及阶段，这为智能水务服务提供了全新的基础设施支撑。网站是水务部门另一个提供水务服务的重要门户，智能水务的建设需将这些客户端利用起来，为公众提供一个支付水费、设备报修、投诉等的综合平台。

2. 资源融合

智能水务是服务大众的公共服务平台，公众能从该平台获取必要信息，因此系统的相关数据公开工作就显得很重要，这既有利于公众对数据的应用和开发研究，又能增加管理部门和水务部门的透明度，促进多方信任，智能中控水表系统是多方互利的新模式。

3.观念提升

随着信息化技术的发展，传统设备不再能满足现代化的需求。水务机构要从观念上改变，将水务智能化当作必然趋势，切实有效地进行改革，而不是迫于形势才开展改革。积极主动地从根本上对水务进行改革，让智能水务发挥优势并将新创造的价值普惠于民。

4.领域联合

要想通过中控系统实现智能水务，不仅需要水务部门付出努力，还需要很多其他部门协同进行智能水网建设，将各部门资源融合共享才能将智能水务建设得更完善。尤其在一些水务系统的特殊场景中，还需要气象、国土资源、交通、林业等多部门合作，需要这些部门将非涉密的必要信息及时通过合适的渠道予以公开。智能水务与环保其他细分领域一样，是多部门多主体的信息共享、业务合作的机构。多部门协同，要共同支持政府统管部门的决策，助力建设更完善更智能的应急管理机制，给大众提供更加便捷、舒适的服务（图 7-16）。

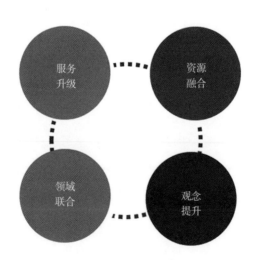

图 7-16　方案优势

第三节　固体废弃物处理

一、固废治理的现状

固废治理是生态文明建设和城市精细化管理过程的必经之路。环保部门一直强调推行固废治理垃圾分类的关键是加强科学管理、形成长效机制、推动习惯养成。而信息化是推动固废治理的重要技术手段。固废治理是最具代表性、最广泛的垃圾分类。智能时代下的垃圾分类已成为一个热门话题。

放眼全球，诸如日本、美国、荷兰等许多国家的垃圾分类，很早就开始严格，政府想方设法地倡导和推行垃圾分类，并通过制定政策和行为规范等把垃圾分类当成人们不可推卸的社会责任。除了通过立法明确垃圾分类和再回收流程，各国也在积极研发垃圾分类的新技术。其中，极有示范作用的有美国的智能固废分类系统，波兰的人工智能复合垃圾桶，以及西班牙的 AI 智能分拣机器人，这些先行示范为全球垃圾分类提供了一种新思路。

在国内，2019 年 6 月，住房城乡建设部等部委发布了《关于在全国地级及以上城市全面开展生活垃圾分类工作的通知》，要求北京、天津等 46 个重点城市，到 2020 年年底要基本建成垃圾分类综合系统。不少嗅觉敏锐的科技企业看到了其中的商机，企业对固废治理的参与无疑将推动这个产业发展。

早在 2004 年，中国就超过美国，变成了世界第一大垃圾制造国。统计数据显示，中国目前的生活垃圾增量为 4 亿吨，且以每年高达 8% 的速度递增。与此同时，世界范围内都面临着和我国类似的问题，世界各国每年都在生成越来越多、越来越难处理的固废类垃圾，这些越来越多的垃圾成分复杂且数量巨大，长期占用大量土地资源的同时，还继续给大气、土壤、水源造成二次污染。面对垃圾高速增加的严峻形势，各国都提出了各种解决方案，但无疑，将垃圾变废为宝一致被认为是最优方案，实现变废为宝的前提是垃圾分类。

纵观当前在固废治理领域的信息技术应用，大数据智能研究专家指出：现阶段，固废治理相关的计算产品和算法已较成熟，难点是尚缺乏充分的训练集。

而对于成熟的固废治理领域的人工智能技术普及，分析人士普遍持乐观态度。据产业界人士预测，复杂的计算机算法技术将在半年内逐步成熟、普及并应用于垃圾分类等方向，人们对此拭目以待。

智能化、大数据、"互联网＋"等创新技术，是各企业深度参与垃圾分类的制胜法宝。企业将"生活垃圾分类＋智能回收＋特定服务"相结合，运用人工技术和大数据相关技术，统计分类垃圾，便于再次收用和处理。在此驱使下，网约垃圾回收员、垃圾分类小程序、垃圾处理器等新产业、新职业已出现，垃圾分类带来了新商机，这个巨大、新颖的商家正引发环保、工业制造、电商等行业的"大融合""大地震"（图7-17）。

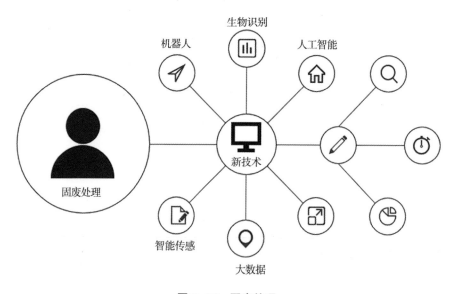

图 7-17 固废处理

目前，随垃圾分类而快速发展起来的智能技术包括机器人、生物识别、人工智能、大数据、智能传感等。将这些技术融合垃圾分类应用场景，产生了多种智能产品、服务和方案，为垃圾分类发展注入了重要力量。借助新科技的力量，工业固废大有潜力，环保产业和循环经济为这种潜力提供了爆发的动力。

一般人们会认为，固废在"三废"中是最顽固最棘手的问题，工业固废成分复杂，其物理性状千变万化。

总体上，我国仍处于工业化和城镇化快速、稳定的发展阶段，转变经济发展模式尚有待时日。因此，污染排放的压力居高不下。要想实现固废处理"三化"目标，即"无害化、减量化、资源化"，仅依靠现有方法如压实、破碎、分选、固化、焚烧等技术，远远不够。"循环、低碳、绿色、健康"是新理念，新理念必然离不开科技的发展和创新的支撑，学科交叉无疑是未来固废处理的突破口。因此，固废处理要加强产学研用的深度融合，依靠技术创新突破技术瓶颈，开展科技研究，积极探寻处置固废的新工艺和新技术，缓解固废污染与经济发展和环境保护之间的矛盾，实现全面可持续发展的目标。

二、生活垃圾智能扫地机器人

智能扫地机器人正越来越普遍地作为日常工具走进千家万户。所谓智能扫地机器人，其实是基于视觉感知技术，具有垃圾检测与分类功能的小型解决方案，可以认为是固废中垃圾分类在居民家庭的应用场景。为提高扫地机器人的自主性和智能化程度，可对其进行人工智能优化升级，发展至今，这些优化丰富多彩，涉及机器人的设备、算法等方方面面。例如，为扫地机器人加装高效视觉传感器，使其获得新的视觉感知能力；通过研究垃圾检测中行之有效的用于分类的模型与算法，实现对常见或特殊垃圾的定位及识别，同时引导扫地机器人对生活垃圾进行自动识别并按类处理，提高工作目的性的同时又提高了效率，避免盲动减少能耗。

扫地机器人自主进行垃圾检测和分类尚不多见，这其中，垃圾检测和分类被归属于计算机视觉领域的物体检测和分类。在计算机视觉的物体检测中，近年来常采用基于手工设计具有不变性的局部特征描述方法处理遮挡、复杂背景等问题。但是手工设计特征鲁棒性差，算法适应性不强。

扫地机器人在近年得到普及，家居服务类型的机器人也引起广泛关注。目前，市面上的常规扫地机器人虽然具备初级的路径规划、避障、自动充电等基础功能，但智能化程度不高，这种欠缺体现在两个方面。

一方面，机器人普遍缺乏对周遭环境的高级感知与判别能力。在常规的清扫过程中，机器人采用随机游走模式，虽然有的机器也加入了简单的路径规划功能，但本质上的清扫过程大多是盲动性的。在这种模式下，即便工作区域中某些路径并没有垃圾要处理，机器人都会盲目进行清扫，因此市面上大多数机器人工作效率较低，且增加了不必要的工作能耗。

另一方面，机器人缺乏对垃圾的分类辨别和处理能力。现实中，人类处理不同类别的垃圾时，会采取明显不同的处理方式，这基于人类强大的大脑及极其复杂的人脑运行模式。人类会根据经验实现按类处理，这有利于对垃圾按类分拣，提高劳动效率，又能满足环保的垃圾分类要求。若能使机器人做到与人类相仿，就能大大增强清扫能力、效益和效率，降低能耗。

针对上述这两类问题，我们经过多次探索和实践，最终发现了一种高效可行的方法，这种方法为给扫地机器人装配视觉传感器，机器人靠传感器获得视觉感知能力，利用机器视觉领域中检测分类模型和算法，实现对目标垃圾自动定位和识别，引导扫地机器人进行智能化自主清扫，提高工作的目的性、效能、效率，避免盲动，减少能耗。

本方案采用基于深度学习的卷积神经网络（CNN）方法，这大幅提升了目标检测性能。说到 CNN，就不得不概述一下 CNN 的发展史（图 7-18）。

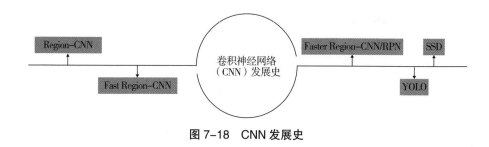

图 7-18　CNN 发展史

最早期的 Region-CNN 采用区域候选的方法实现目标检测，其主要问题是计算量过大，而当时的计算机远不能承载这样超大的算力。为提高效率，出现了 Fast Region-CNN。Fast Region-CNN 成功解决了上述重复计算的问题，同时还缩短了训练时间和测试时间。随后出现了 Faster Region-CNN 方法，由于引入了 RPN 网络而实现了端到端的网络学习，但在速度上没有明显优势。为继续提升速度达到实现实时检测的目的，产生后续基于回归的 YOLO 模型，这个模型占据主流地位很长时间，YOLO 将分类和定位这两个任务统一到同一网络里，这提高了实时检测能力，但以准确性降低为代价。与 YOLO 同期的 SSD 方法却将 YOLO 回归思想和 Faster Region-CNN 的 RPN 网络优势相结合，终于兼顾了速度和准确率；后来在原有的 YOLO 基础上又出现了改进的 YOLOv2 网络，进一步提高了检测的精度和准确率。

因此，本方案为解决这种家居环境下垃圾分类兼顾快速和高精度的检测，就选择了基于回归方法在检测速度方面占优势的 YOLOv2 网络。方案的后续又与密集连接卷积网络结合提出了改进的 YOLOv2-dense 网络结构，最终实现了生活垃圾的实时检测。此案例表达的研究结果，能为较之传统扫地机器人更先进的强智能扫地机器人提供研制技术支持，整体提升未来扫地机器人的智能化程度。

三、智能垃圾柜

智能垃圾柜已作为整体的小型智能化解决方案在全国得到了广泛的推广和应用，贵州省在这个应用场景中走在了全国的前列。贵州省贵阳市智能垃圾柜解决方案的成功落地，使得它在全国都起到了标杆作用。智能垃圾分类开启了环保的新模式，贵阳垃圾智能化管理让居民既有了分类的意愿，又有了分类的能力和轻松实现分类的工具，智能垃圾柜通过不断增强民众的环保意识和垃圾分类回收的意识，督促和帮助贵阳市民养成垃圾分类投放的良好生活习惯，在全国起到了标杆作用（图 7-19）。

图 7-19　智能垃圾柜

贵阳市智能垃圾柜已在多个小区落地应用，政府环保相关部门希望将塑料瓶、旧衣物、旧书本等可循环利用的垃圾进行分类回收；同时，居民分类倒垃圾就可以用手机"扫码"积分，积分能兑换日用品。这就使得双方对智能垃圾柜都有了使用意向。自"智能垃圾分类"推行落地至今，其已成为市民们津津乐道的热点话题，为大家带来有趣的垃圾分类新体验。

从智能垃圾柜整体解决方案的内容来看，它可支持市民根据垃圾种类通过"刷卡"丢垃圾，通过大数据还可支持对市民丢垃圾时对柜子的使用情况进行统计，多位一体，实现了城市垃圾的智慧分类管理。

从具体操作来看，智能垃圾柜的使用非常便利。首先，居民点开手机上的投递二维码，对准智能垃圾柜的扫码器，轻轻一扫，相应的垃圾箱门就被打开；其次，把垃圾直接从投放口投进，智能柜就能自动称出重量，并换算成积分自动存到市民的账户上，后续这些积分可以兑换有趣又有用的生活用品。

正是垃圾分类箱分类清晰明确，并且操作简单便捷，使得这种积分奖励不仅对市民有直接的经济激励作用，还能帮助小朋友们更早地树立环保意识。目前，很多贵阳市民在家里就专门准备了收集各种垃圾的垃圾桶，对垃圾进行分类收集。垃圾分类可是新鲜事，大家也都愿意去尝试。

从智能垃圾柜整体解决方案的实施效果来看，贵州是通过在当地进行多次宣传和培训，使市民从开始不懂如何分类，到逐渐学会了细致的分类，几乎每家每户都能得到一张智能垃圾分类卡，这张卡是居民参与垃圾分类的生态账，也是存取垃圾分类获取的生态金和生态信用积分的电子账户。电子账户的生态金，是居民通过正确投放可回收垃圾产生的，这种电子生态金可由市民直接提现，或在市政相关系统兑换礼品或抽奖。

另外，生态信用积分，则是正确投放有害垃圾、厨余垃圾和其他不可回收物产生的，这些信用积分由巡检员负责督导和记录，用于兑换生活用品或抽奖。

方案实施后，市民通过刷卡或手机扫码扔垃圾时，后台的监控系统会显示投放详情，不仅有详细的数据，而且通过数据会对市民扔垃圾的情况进行分析。通过监控系统，后台能分析大家对垃圾分类的了解情况，当发现市民进行错误的投放时，相关组织会对市民进行正确指导，并配套建立相应的奖惩措施。此外，系统还支持通过党建引领，来发动各小区的党员、居民参加志愿者队伍，开展垃圾分类宣传活动，全方位对垃圾分类知识进行普及，培育市民环保意识。

为了规划清理，智能柜的垃圾每天日产日清，有害垃圾达到一定储存量后，运营公司会联系当地废弃物回收中心，对有害垃圾进行专业妥当的处置；除在垃圾分类的前端积极引导市民外，还做到了保证与"中端收运"及"末端处置"两个环节的衔接，真正提高了生活垃圾分类的整体水平。

后续将按照当地生活垃圾分类项目的建设目标，继续强力推进示范点的打造，不断完善基础设施，通过强化宣传引导提升市民的分类意识，培养市民垃圾分类的好习惯，促进形成可复制、可推广的垃圾分类新模式。

贵阳市还将建立生活垃圾分类的大数据云平台，使生活垃圾分类的前端感知能力、中后端监督管控能力得到提升。以社区为单位，调动居委会、物业等多方力量，强化宣传引导，逐步建立有效的分类和管理机制。

垃圾分类事关城市的整体品质和城市可持续发展的动力。全国各省市也要把垃圾分类重视起来，开展扎实有效的宣传发动，凝聚全社会的力量，共同推进，打好、打赢生活垃圾分类的攻坚战和持久战。

四、AI 智能物联系统

本系统对固废中占最大比例的生活垃圾进行了智能处理。在生活垃圾分类时，将 AI 利用于固废处理，具有 3 个前提（图 7-20）。

图 7-20 AI 应用于垃圾分类的前提

第一，对固废类型的识别、判断是进行固废处理的基本要素。例如，在生活垃圾投放环节，图像识别、智能传感等 AI 技术可用于快速准确地获取生活垃圾的大小、成分、状态等物理、化学属性，完成生活垃圾识别，为生活垃圾的分类投放做准备。深度学习、神经网络算法则可提高 AI 在分辨垃圾类型时的速度和精度。

第二，将生活垃圾准确按类投放是生活垃圾分类的重要环节。AI 技术中的语音识别等技术可帮助和引导居民完成生活垃圾的准确分类投放，智能传感技术可对垃圾类型进行二次确认并进行信息反馈。

第三，对生活垃圾分类相关政策、知识进行教育是提升垃圾分类水平的根本保障。AI 技术可通过微信、支付宝小程序等实现垃圾分类的习惯培养教育。

随着生活垃圾分类成为热点话题和 AI 技术的突击式发展，AI 在生活垃圾分类方面将大有可为。生活垃圾种类繁杂，普通人对垃圾分类的要求难以准确把握，导致垃圾投放人在对垃圾进行辨别和分类投放的过程中不得不花费巨大精力，给日常生活带来困扰；AI 技术的发展和普及，为我们的日常提供越来越多的贴心服务。AI 在图像识别、语音识别等多个方面的优势能助力日常生活中的垃圾分类。

在固废处理领域对 AI 技术进行深度应用，这在国内外有很多成功案例。

在国外，如加拿大、日本等国，AI 在垃圾分类领域的应用已经比较成熟。这些应用将 AI 技术植入垃圾分类的各个环节，在资源节约、环境保护方面做出了巨大贡献。基于 AI 技术的垃圾分类和识别系统，为国民的生活垃圾分类提供了极大的便利。

在加拿大，搭载计算机视觉系统的智能垃圾桶被广泛应用于生活垃圾分类和识别，这种智能垃圾桶成为 AI 技术助力生活垃圾分类的样板。它包括显示屏、多个分类容纳不同废品的垃圾桶、人工智能摄像头，它通过摄像头识别垃圾，依据计算机视觉系统分析结果，把投放类型显示在显示屏上。

在日本，Zen Robotics Recycler 垃圾分拣系统非常知名，该系统利用图像识别、深度学习等人工智能识别技术，垃圾图像处理速度达 3000 件 / 小时，它还能将不同材质的垃圾进行分离，系统中的 FANUC 视觉分拣机器人可以将废旧物品自动回收，利用 AI 技术的多层神经网络的智能分拣系统，利用所获垃圾的视觉信息，对物品的化学成分、大小、价值和位置等做出鉴别，完成智能分拣。

在我国，AI 在生活垃圾分类领域应用潜力巨大。我国的生活垃圾分类管理已进入正式推进期，AI 技术与我国生活垃圾分类的快速识别、准确投放及习惯培养等方面具有广泛的结合点。

2019 年 7 月 1 日，堪称"史上最严"的《上海市生活垃圾管理条例》正式实施，标志着我国生活垃圾分类的新时代来临。同时，人工智能应用场景需求越来越明确。其中，人工智能在生活垃圾分类中的应用成为人们最关注的一个方向，上海等现代化城市的部分小区引入物联网和智能监控等技术，帮助居民定时定点投放垃圾，提升了垃圾分类的执行效率，解决了社区垃圾分类落地的难题。

AI 智能物联系统能引导垃圾分类投放，通过"互联网＋"为垃圾箱"减负"，促进资源二次利用，助力绿色经济成为固废处理的新亮点。

AI 智能物联系统包括智能垃圾箱房门禁子系统。该子系统集成了身份识别、信息屏幕、端口扫描、监控摄像、移动网络等丰富而实用的功能。智能垃圾箱房门禁子系统在前端感知方面具有技术优势，其通过监控装置实时监控垃圾投递现场并有效识别垃圾分类的准确率，引导居民实现正确垃圾分类，提高管理效率；红外端口扫描功能解决了传统手机扫描中的一系列问题。通过将人工智能新技术应用于智能垃圾箱房门禁子系统，让居民投放垃圾时能准确分辨垃圾类型，降低垃圾分类压力，提升参与度、认知度，降低管理运营成本。

AI 智能物联系统在前端收集、中端转运、末端处置的各环节都发挥了重要作用。前端整合功能，它将城市环卫系统、再生资源系统进行融合，实现可回收物的前端收集和资源整合；中端管控功能，确保生活垃圾物流收运体系规范有序运行，改进工艺，升级设备，实现生活垃圾分类压缩、分类运输、分类中转，对压缩设备升级改造后已具备垃圾分类转运条件，并启动了干、湿垃圾的品质识别功能；末端托底功能，坚持固废处置托底保障的战略定位，为多品种固废提供利用或处置方案，大幅提升末端资源化利用和无害化处置能力。

AI 智能物联系统的落地实施收获了良好成效。首先，AI 智能物联系统运用AI 技术对垃圾分类品质进行实时分析，有助于倒逼上游垃圾投放和清运机构严格按规则操作；其次，系统还为实现生活垃圾的全程分类管控、促进城市垃圾行业数字化和精细化管理提供了坚实基础；最后，系统利用云计算、大数据、人工智能、物联网等先进信息技术，极大地提高了垃圾分类效率。

但 AI 智能物联在生活垃圾分类中仍面临很多挑战。这种挑战主要体现在如下几个方面（图 7-21）。

其一，我国正处在生活垃圾分类管理体系的顶层架构期，统筹考虑 AI 技术与生活垃圾分类各环节的结合点，需政府主管部门、企业、市民合力推进，生活垃圾分类公共服务平台的搭建、运维管理体制机制的建立和完善都需要很长时间。

其二，产品研发、应用推广、标准确立等方面存在阶段性挑战。AI 技术如何帮助居民快速而准确地分辨种类繁杂、数目庞大的生活垃圾类型，是产品研发不得不直面的技术挑战。要想实现我国现阶段描绘的和谐智能、多方参与的生活垃圾分类立体透视图，还面临复合型人才紧缺、人才培养模式匮乏等诸多现实挑战。

服务平台搭建
管理机制完善

隐私数据安全保护
监督引导机制建设

AI+
垃圾分类
挑战

产品研发推广
技术人才培养

图 7-21　AI 应用于垃圾分类的挑战

其三，居民隐私数据的安全性是又一重大风险，应用 AI 技术帮助和引导居民进行生活垃圾分类投放的监督引导机制尚有待建立。

尽管存在着这样或那样的问题，但是不管是基础设施、AI 技术，还是政策、人才的现存问题，都是暂时的，长远来看一定能得到妥善解决。AI 智能物联系统的运用，将改变民众的垃圾分类习惯，能向无人化、自助化发展，让垃圾分类充满科技感、智慧感，还有利于提高居民的文明素质。

第四节　危险废物处理

一、危险废物处理的现状

危险废物（简称"危废"）包括具有腐蚀性、毒性、易燃性、反应性或者感染性等一种或者几种危险特性的，或者不排除具有危险特性，可能对环境或者人体健康造成有害影响，需要按照危险废物进行管理的固体或液体废物（图7-22）。

图 7-22　危险废物标识

国际上，随着工业的发展，工业生产过程排放的危险废物日益增多。据估计，全世界每年的危险废物产生量为 3.3 亿吨。由于严重污染和潜在严重影响，在工业发达国家危险废物已被称为"政治废物"，如废旧蓄电池等危险废物，如果按一般废旧物资进行处理，不仅污染环境，还存在安全隐患。公众对危险废物问题十分敏感，反对在自己的地区设立危险废物处置场，且危险废物的处置费用高昂，多年来一些西方发达国家也一直向工业不发达国家和地区转移危险废物。

在我国经济飞速发展之下，我国工业化进程加速明显，伴随而来的是在工业化发展过程中产生大量危险固体废弃物。同时，工业化发展进程加快也导致危险废物的种类更多、危害程度更大。作为制造大国，我国制造业的发展带来的不仅是经济的飞速增长，同时还有固体废弃物对环境的污染问题。大量的危险固体废弃物一方面严重破坏了自然生态环境；另一方面还威胁到了人类生存的空间。我国危险废物问题突出的同时，现存解决方案却相对落后。

一方面，危险废物的危险突出。固废对环境的污染可通过土壤、大气、地表或地下水等介质进行。若危险废物不妥善处理直接排放到自然环境中，会导致有毒有害物质快速渗透到土壤，改变土壤的性质和结构，若处理不当，固废中某些物质进行化学反应，能在不同程度上产生区域性污染。危险废物或其有害成分进入江河湖海，能造成大范围的水体污染。

另一方面，危险废物的现有处理方法明显落后。危险废物处理方法可以分为物理法、物理化学法和生物法。按处理阶段分为压实、破碎、分选等预处理方法及填埋、焚烧、生物分解等后处理方法。分选是一种常用方法，在危险废物处理问题上，为在处理过程中有效达到减少固废数量和回收再利用固废的目的，要对危险废物进行集中分选，筛选出有利用价值的固废，通过合理的技术手段对其进行加工处理，达到循环再利用的目的。对于一些不能反复利用的、危害极高的固废应单独分选并进行无害化处理。但是无害化手段比较传统，已不能满足现在"绿色"发展的理念和要求（图7 23）。

图 7-23　危险废物处理的现状

基于此，国家对环境也越来越重视，以习近平同志为核心的党中央高度重视生态文明建设，各级生态环境部门也在危险废物污染治理方面积极推进依托大数据、云计算、物联网、移动互联网、人工智能等先进技术手段的智能系统，强化危险废物身份管理和全程轨迹跟踪，实现危险废物物资的安全存贮、规范转移、合法处置。智能化解决方案有助于帮助各部门联动协同，提高该企业危险废物物资处置效率和效益，提升企业的危险废物物资处置水平。

二、危险废物处置对人工智能提出新要求

在对危险固废进行处理的过程中，为让处理结果达到排放标准，会对处理技术进行严格限定。就目前固体废弃物处理现状来看，我国的危险废物处理技术和设备普遍落后，这就会导致在危险废物处理中无法对有害物质进行完全有效的处理。在这个环节，我国很多较落后的地区对于无法处理的物质只能采取填埋、焚烧的传统而落后的手段。

目前，危险固废处置和管理中存在一些严重的问题。

其一，受国情影响，我国固废处置和管理较之国际水平还很落后。在过去，我国发展较为落后，整体经济水平较低，为快速扭转这个局面，我们不得不阶段性地采取粗放式发展方式，没有充分注意环境的保护问题，导致危险固废的数量越来越多。另外，环境宣传和教育水平较差，国民环保意识薄弱，导致固废处理仍然存在很多问题。

其二，危险固废的处理方式存在缺陷。对于危险固废处理基础，相关部门已经设定了相应的规定。但是在实际处理的过程中，不管是设备的应用还是技术的应用，都没有严格按相应的规定进行，甚至还有些企业在处理危险固废的时候依然采用焚烧或填埋的方式，不合理的处理只会带来更为严重的二次污染问题。

其三，体制原因产生了消极影响。我国各个领域的发展仍然处于摸索和研究的阶段，甚至在有些领域我国目前还处于空白。没有体制限制，缺乏监管，人们和企业的行为就更加自由，问题得不到解决，恶性循环，危险固废给环境带来的影响越来越严重。

要解决这种问题，现状下的危险废物治理机构要做出诸多努力。例如，出台相应政策完善对危险废物处理的监督，完善管理机制；在危险废物处理的问

题上，也应积极引进国外先进的技术和设备；针对工业化生产中矿业采选、金属冶炼等重污染行业进行集中固废处理管理，应提高相关监管职能部门的管理意识，加强随意排放固废的惩罚力度，一旦在危废处理中发现违规排放等问题应该依法进行严格的处理；在对污染物处理问题上，人们的分类处理意识不够强，受以往粗放式经济发展的影响，我国环境污染的程度严重，虽然在发展过程中人们的环保意识不断增强，但对很多工业化企业来说，在危险固废处理方面投入少，设备简单，处理工艺落后，对于固废污染处理不重视。因此，应该加强人们对于环境保护意识的培养，充分利用微博、微信、电视等媒体，通过进一步的宣传和教育，从思想意识方面提高人们对于危险固废的处理认识；在危险固体废弃物的处理技术上应该加强研发，并且对固废处置管理过程中出现的问题采取有效方法进行应对，提高危险固废处理效率和质量。

随着人工智能新技术的发展，基于人工智能技术的危险固废处置和管理对策也逐步丰富（图 7-24）。

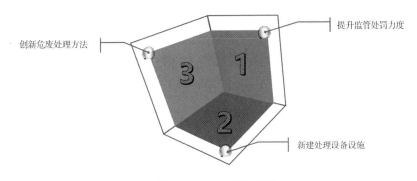

创新危废处理方法

提升监管处罚力度

新建处理设备设施

图 7-24　AI+ 危废处理

首先，利用人工智能新技术，提升固废处理的监督管理与惩处力度。国内关于危险固废处理和管理仍然存在很多违规甚至违法的现象，还存在很多企业在处理危险固废时，只是将危险固废倒入附近水域或者空地，最终导致更为严重的危险固废污染的情况。为改善这种情况，国家针对固废处理，应该加强监督和惩办力度，一旦发现违法违规问题，必须及时依法惩办，追责到人，绝不姑息。

其次，利用人工智能新技术，新建固体废料的处理设备设施。加强机构合作，完善危险固废处理体制，及时更新和升级固废处理设备，科学选择固废处置地点，将所有的固废都进行无害化的处理。只有选择合理的固废处理方式，才能帮助企业有效降低固废处理成本。

最后，利用人工智能新技术，开发创新处置方法并引入国外新式处置方式。充分考虑我国基本国情，选择最佳的固废处理方法，持续改革，提高技术水平，保证所有的固废可以得到科学有效的处置。及时引进国外先进的固废处理理念，以固废实际情况为基础，选择最佳的组合方式，切实提高危险固废处理效果。

对于政府来说，做好危险固废管理需要解决如下几个问题。首先，设立相应的法律法规，完善相应的制度，重视生产过程中的清洁工作，从源头降低危险固废的产生量。其次，针对固废做好定义和分类，然后有针对性地采用最合理的处理方法和原则。最后，不断研究，根据国内危险固废特点创新处理技术，结合国家制定的相关策略，切实将危险固废管理做到最好。

三、基于人工智能的危险废物管控平台

本方案将人工智能新技术应用于危废管控，并形成一个危废智能管控平台，平台对危险废物实行身份管理，并对危险废物进行全程轨迹的跟踪，形成一个行之有效、安全快捷、高效便利、易于推广的管理体系。平台有力促进危废管理的业务协同，使危废自动识别、智能标识、实时跟踪成为可能，此类智能管控平台也将成为固废治理的新趋势。

本方案运用人工智能和物联网等先进技术，通过智能指引标签建立危废流程指引、危废定位，平台实现了对危废属性和数量等状况的实时感知，危废管控平台需做到危废作业过程中的所有重要环节，包括环保认证、密封运输、集中存放的全程可控，提升了危废管理作业的整体效率。

危废处理的如上几个重要作业环节都受相关部门的约束和限制。例如，环

保认证需要委托有资质的第三方机构对危险废物进行规范化处置，对危险废物的收集、转移、处置等各类业务方案，均需专业机构建立和实施，要确保危废处置工作的正确性和合法性，就要经第三方认证。再如，危废运输需采取密封措施。运送危险废物时要采用密封方式，使用有资质的环保专用车辆进行运输和转移，要保证运输过程中的废液、废气不会外溢。当危险废旧仓储量达到或接近限定的数量时，还须经环保机构审批同意后，才可由专业机构派遣特殊车辆协助运输进行跨区转移；另外，对于危废还有集中存放的要求。环保关联单位要建立危险废物台账，环保部门对企业废油、废蓄电池等危险废物的数据进行建档，以达到控制企业不得擅自倾倒、堆放的目的。

　　危废智能管控平台依托大数据、云计算、物联网、移动互联网等"大、云、物、移"技术，并应用 RFID 等主流的智能物联相关硬件，实现危废的物资盘点、快速出入库、智能预警、信息实时交互等丰富的危废作业中的核心功能。平台有助于提升危废的整体管理水平，使危废全程被监控。核心的智能化功能包括危废智能识别、信息回传及实时预警、利用机器学习实现场景可视化、作业全过程智能预警等。

（一）危废智能识别

　　利用 RFID 标签智能硬件相关技术，识别管理范围内的危废信息并有针对性地将信息扫描至平台系统，使平台具有危废身份识别的功能。当危废出入仓库时，平台能基于基础信息数量、状态等进行记录及计算，仓储管理人员可通过对照危废的预制档案，利用系统运算结果，决定是否能放行车辆并对车辆予以指示，实现系统智能决策辅助支撑。

（二）信息回传及实时预警

　　系统中的智能监控通过智能传感器将危废相关数据实时传回到系统后台，后台经计算和回传，可将必要的信息实时显示在前端大屏上。如果检测到的指标超出预先设定的高低阈值的范围，大屏将立刻进行醒目的预警，这种实时预警使作业人员能提前采取合适的预案，及时对事故点进行危险排除。

智能危废管控系统的后台，还能检查监控危废的存放时间，并对超龄超期的危废进行预警提示，促进了危废的流动性，确保危废得到及时有效的妥当处理。这种实时预警无疑提高了危废处理的效率。

（三）利用机器学习实现场景可视化

本方案的危废管理库内安装了RFID扫描设备，设备对库区内物资状态实时进行有效清点。系统可通过后台远程遥控，一键激活盘点任务。RFID扫描设备快速扫描库区危废，并自动记录在库危废的类型、规格、数量等关键信息，实现物资的快速盘点。

按照危险品存储管理的相关规定，平台对长期存储的危废进行实时监测。通过系统的可视化子系统，利用机器学习技术和机器视觉，展示危废储仓垛位的电子示意图。实时更新危废的状态，当危废仓储管理员在管理系统上完成危废调整后，便会实时生成危废堆位调整示意图，管理员可依据示意图进行危废翻堆倒垛等作业，有效地保证危废的处理顺序。

（四）作业全过程智能预警

近年来，全国各地大大小小的安全事故频发，不仅造成周边群众生命、财产安全受到严重损害，还会继而造成泛化的环境破坏，直至造成民众的持续恐慌。

近年来最为严重的事故之一，是2019年响水"3·21"爆炸事故。此次严重事故直接造成员工、附近居民共64人死亡！

基于这种现状，政府和企业联合推动了危险化学品相关企业的安全风险监测预警改革，要求建设风险监测预警的网络体系。因此，建设中国应急管理智能物联网成为燃眉之急，在危废中的应用更是重中之重。智能危废管控平台中的实时预警功能，正是针对此类重大风险，以实现对风险的早期识别、智慧研判、精准治理。

如果使用传统风险识别、评估的方法，如可操作性分析、保护层分析、工作危害分析、安全完整性等级评估等方法，则需要依据团队的经验，通过使用风险矩阵等工具和手段，进行"头脑风暴"讨论，以评估风险大小；而利用基于人工智能技术的本方案，识别类似事故中危废储坑等的潜在风险，则具有绝对优势。

相比之下，传统的风险管控方法对团队的经验要求比较高，并且传统风险管控技术很难科学准确地分析事故的严重程度及影响范围；而借助人工智能的建模及计算可提前建立爆炸模型算法，并计算分析固体危险废弃物发生火灾、爆炸等风险的发生概率，可大大降低对团队的要求并提升人员的安全性。

从响水事故的一些细节及大量的数据证据得知，危废处理过程中发生频繁和危害巨大的一类事故，便是危废储坑的火灾和爆炸。采用人工智能算法，配套使用红外热成像仪（反映物体表面温度并成像的设备）等智能硬件设备，通过全天24小时实时对危废进行红外热成像监测，可排除大多数的危废火灾风险。即便在恶劣的气候条件下，监控设备也能正常地对各监测目标进行监测，及时发现隐火、暗火、危废中由于化学反应等原因造成的热源，在预先设定的温度等条件下触发报警装置。

这种人工智能监测技术，帮助对潜在火灾做到早知道、早预防、早行动。国内现在已有成熟的人工智能灭火系统，当可燃物质燃烧时，利用红外线进行目标自动识别定位的消防炮灭火系统，以隐燃和辐射的红外线为探测对象，在被监测的三维空间中对监测对象实施全方位的探测扫描，这种利用了人工智能建模算法新技术的系统，能准确定位监测对象，并能在监测对象出现预设的险情时，自动地、有针对性地喷射设置好的灭火介质实施灭火。系统具有自动化程度高、灭火快、可靠性强、探测距离远、保护面积大、响应速度快、灵敏度高、无盲区、无死角、误报率低等一系列优点，这种系统的实施，极大地减少火灾带来的危害（图7-25）。

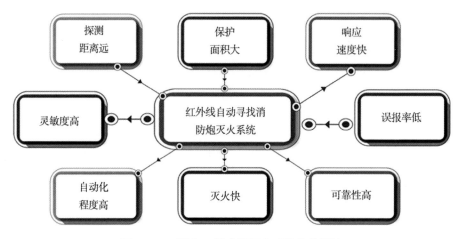

图 7-25　利用 AI 技术的灭火系统的优越性

综上所述，随着人工智能新技术如云计算、大数据的快速发展并日益成熟，借助人工智能识别技术及机器视觉技术，对风险进行准确识别，实现对危废的安全防控正成为趋势。随着技术的发展和解决方案的成熟，安全预防正由传统的被动防御，转为主动预判预警，风险预警、管控机制正随着安全防控技术的发展走向成熟。当然，由于我国对危废处理的基础较差，且随着社会发展和工业化进程的深入，危废的种类、数量将继续扩张，届时，利用人工智能技术对危废进行管控任重而道远。

四、危险废物智能监管平台

从上文对危险废物现状的介绍中我们可以得知，危险废物具有毒害性、爆炸性、易燃性、腐蚀性、化学反应性、传染性等危害特性，对环境和人体健康存在很大的威胁。此外，由危险废物引发的环境污染事故逐年上升，由于危废处理过程中各个环节的管理不完善、不规范，处理过程中非法跨地区转移危险废物等现象屡禁不止，这些行为影响了环境安全，要解决危险废物对环境污染的这一系列问题，就需要加强对危险废物管理的产生、储存、转移和处置全过程的监管力度。

除制定必要的法规制度外，还需借助先进科学的管理手段和高效可行的监管模式，全面把握危险废物的信息，管控危险行为，从源头控制好危险废物问题的产生。人工智能新技术和物联网技术的研究和应用，为加强危险废物监管起到了推动作用，为危险废物监管平台的建设提供了更多的技术基础。利用人工智能和物联网技术这类新兴多学科交叉技能，并将其广泛应用于环境感知、环境管理、精准农业、大型工业园区、仓库等领域，诸多结合人工智能领域和危废领域知识的智能监管类平台也随之产生。

在发达国家，早在 20 世纪 70 年代就已经逐步开发和使用危险废物信息管理系统。这些危险废物信息管理系统应用了 GIS 地图，通过对基于 GIS 危险废物信息管理系统的设计，将危险废物管理、计算机和 GIS 技术结合在一起，为城市的危险废物提供管理和决策支持的计算机系统。同时，针对危险废物转移运输过程和储存过程的监管问题，发达国家已逐步开始探索建立覆盖危险废物全生命周期的物流信息管理系统。

在我国，危险废物信息管理系统起步较晚。但随着人工智能的产生及在其他领域的卓越表现，我国的高校、其他科研机构、环保部门、产业链中的社会企业，也都热情地参与到对危险废物信息管理系统的研究和积极实践中。近年来，融合人工智能的智能化监管平台也逐渐发展起来，这些平台逐步从萌芽、到模型、再到应用一步步发展起来，从满足危险废物监管各种业务管理工作需求出发，应用人工智能技术的物联网，在危险废物产生、转移、处置等各环节落地生根。

本案例中，危险废物智能监管平台包含综合门户关联系统、危险废物监督管理系统、GIS 监控管理系统、固废超市管理系统等。案例在传统管理模式基础上，从业务需求出发，结合先进的物联网、移动互联、二维码、NFC、GPS 等技术，以极具创新性的形式对危废全过程进行了智能监管。平台实现了危险废物从最初产生到最终处置的全过程业务流程精细化、实时、全闭环的管理，实现对危险废物从"摇篮"到"坟墓"的全过程跟踪，为环保部门真实、细致、及时、动态地掌握危险废物转移情况提供技术手段，为领导决策提供辅助支持。

危险废物处理过程中，必须遵守《中华人民共和国固体废物污染环境防治法》《危险废物转移联单管理办法》中的相关规定开展申报登记和转移，产废单位产生危险废物后将废物进行包装，填报联单信息，产生单位基于这类危险废物身份证和运行轨迹的信息单据，与上下游进行联动和交互。危险废物转移交接过程中，产废单位将数字身份证交由运输单位，经产废单位及运输单位确认及走完加盖公章等管理流程后自行留存；运输单位在将危险废物从产废单位转移到经营单位时，经营单位比对核实电子身份证信息，确认后再签字并加盖公章，将实时新数据更新到危废数字身份证中，完成危险废物的入库工作。具体的业务流程如图7-26所示。

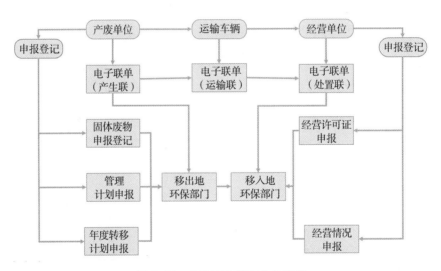

图7-26 危险废物管理业务流程

架构层面，危险废物智能管理平台包括感知层、物联层、支撑层、应用层及门户网。

感知层：应用视频监控设备、GPS、二维码、IC卡、手持终端等前端设备对系统监测对象进行智能感知，如采集企业危险废物的产生、转移、处置等全过程信息，系统根据实际需求提前设置好信息，通过这些设备快速、及时、实时感知危险废物全过程信息，为系统进行信息基础。

物联层：应用移动网络、光纤、有线、无线网等多样化的信息传输设备，将感知层前端采集的危险废物信息传输至系统平台的数据库，为后续进行数据处理、汇总、分析、展示提供网络基础。

支撑层：应用数据中心及其他的外部第三方系统，为系统提供底层支撑服务。这些底层支撑服务融合了多个外部应用系统，覆盖危险废物业务全流程，对本系统提供关联数据、常规服务等基础支撑。

应用层：该平台从环保部门的核心业务出发，可被组建和部署在环保部门办公内网服务器上，企业用户也可以经防火墙、路由器等手段对系统进行访问，产废单位、运输单位、联营单位能通过外网及部署在环保部门的危险平台进行高效的数据传输。在本方案整个网络拓扑结构当中，涉及废物处置过程的相关业务数据都会统一进入环保管理部门系统，完成数据清洗、分析、整理后向公众发布。

门户层：统一的危险废物管理门户，为产废单位、运输单位、处置单位等，即危废处理产业链条中的一系列机构，提供统一的危险废物业务申报、审批、流程结果等信息的查询入口，也为危险废物管理部门提供统一的危险废物业务综合处理、危险废物信息全盘掌握的入口，为产业链相关组织机构提供更客观、更全面的决策支撑。

该平台从环保部门的核心业务出发，可被组建和部署在环保部门办公内网服务器上，产废单位、运输单位、联营单位能通过外网及部署在环保部门的危险平台进行高效的数据传输。在本方案整个网络拓扑结构当中，涉及危险废物处置过程的相关业务数据都会统一进入环保管理部门系统，完成数据清洗、分析、整理后向公众发布（图7-27）。

图 7-27　网络拓扑架构

在功能层面，本方案包括服务门户管理系统、危险废物监督管理系统、GIS及 GPS 监控管理系统、危险废物超市管理系统等。

1. 服务门户管理系统

针对参与危险废物管控作业全过程不同类型的用户，该平台针对性地分别建设了应用门户、产废单位门户、处置单位门户、运输单位门户、管理部门门户等，实现危险废物管理业务的外网申报、内网审核的管理模式。

产废单位门户提供一系列丰富实用的入口，包括产废单位进行信息台账、产废登记、管理计划申报等，平台为这类业务的外网申请办理提供了入口。此外，平台还提供了办理状态、处理结果情况查询等入口。

处置单位门户提供处置单位进行信息台账、经营情况登记、经营许可证申报等业务的入口，外网申请办理的人及办理状态、处理结果方式反馈情况查看的入口等。

运输单位门户提供运输单位网上申请注册，登记填报基本信息，在终端设备注册确认，以及信息台账、运输情况登记、运输车辆数据信息、运输人员信息、车辆轨迹信息等数据的查看操作及信息上报办理的入口。

管理部门门户将产废单位、经营单位外网申报的业务流转至环保局内网门户进行统一管理，实现对产废、运输、处置单位相关信息的统一查看。

2. 危险废物监督管理系统

危险废物监督管理系统是在平台的整体框架下，为适应危险废物业务管理、协同办公的工作环境而建立，系统实现产废单位和处置单位外网申报、环保部门内网办理、处理结果外网公示等业务办理功能。

产废单位通过外网门户进行废物申报登记、管理计划申报、年度转移计划申报；经营单位通过外网门户进行经营许可证申报、经营情况申报。

首先，系统自动将申报信息及业务申请表单流转至监督管理部门的内网，工作人员通过环保局内网进行受理审核，再经产废单位和运输单位双方刷卡确认，自动产生危废转运联单。

其次，相关信息可传输反馈至环保部门，并关联联单；运输单位将危废转移到处置单位后，处置单位读取产废单位信息、运输单位信息、处置单位信息、车辆信息、危废磅秤重量、联单编号等信息，同时关联联单，处置单位再进行刷卡确认，相关信息可传输反馈至环保部门。

最后，当危废转移联单流转过程的完整数据正式提交到环保部门内网监管平台后，系统就能对产生单位、运输单位、处置单位刷卡的时间等记录进行痕迹保留。

从功能实现上，系统前端摄像机能采集图像，经视频服务器将模拟信号转换为数字信号，通过硬盘进行存储，采用 VPN 网络上传到危险废物监控平台。危险废物转运时要根据刷卡信号启动，系统可自动打开相关企业的视频监控信息，显示企业视频监控画面、电子联单情况、车辆位置信息等，在该联单未由处置单位接收时保持实时监控。当视频监控画面出现异常时，系统能报警提醒。

3. GIS 及 GPS 监控管理系统

危险废物的运输车辆可通过司机的手机终端及车载 GPS，以卫星 GPS 导航和无线传输方式，将车辆位置信息回传给危险废物管理部门的后台综合管理模块。

系统通过这种方式对产废单位、处置单位分布、运输车辆进行定位。同时，系统会自动载入地理信息系统，实现对危险废物转移路线的动态显示，并对异常路线进行跟踪并发出预警，以应对危险废物转移中的突发及异常情况。系统进行实时动态分析并给出反馈指令，这有助于危险废物事故的预防及应急事故的处理，提升了应对水平。

4. 危险废物超市管理系统

系统引入了企业条形码的管理模式，把危险废物条码作为企业内部危险废物微循环管理的身份串联标识，对危险废物入库、出库过程进行管理。

产废单位产生危险废物之后，就将产废单位及产生的危险废物信息生成可识别的二维条码对废物进行标识。危险废物入库时，管理人员利用条码扫描设备对危险废物条码标签进行解读，解读的信息进入系统后，系统调取危险废物的属性信息，利用人工算法技术，自动判断其所属类别及来源，管理人员将危险废物放置相应的库区进行储存管理及后续调度。危险废物出库时需要统一扫描二维码，系统会自动读取危险废物的产生单位、种类，并自动填写出库信息，完成出库操作（图7-28）。

服务门户管理系统	危险废物监督管理系统	GIS及GPS监控管理系统	危险废物超市管理系统
·应用门户、产废单位门户、经营单位门户、运输单位门户、管理部门门户 ·外网申报、内网审核	·业务管理、协同办公 ·视频监控画面、电子联单情况、车辆位置信息	·对产废单位、处置单位分布、运输车辆进行定位	·条形码管理 ·出库信息智能管理

图 7-28 危险废物智能监管平台子系统构成

本方案的技术先进性体现在多个方面。

从整体上来说，方案基于人工智能、物联网关键技术，通过感知设备、有线和无线传输技术，在信息技术标准规范指导下，连接人与物、物与物，实现了全自动智能化信息采集、传输和处理。危废物联网智能平台用到智能感知、移动互联领域一系列的新技术。

（1）二维码技术

二维码是近年来产生并普及推广的一种新技术。它为全球范围的用户统一提供"唯一数据样本"，所有的物品、人员、组织会通过部署实施获得唯一的二维码识别信息。二维码技术具有速度快、可靠性高、采集信息量大、灵活实用的特性，将二维码技术应用于危险废物信息的标识方面，保证了数据采集的准确性，减少了采集工作量，对可量化采集的信息及采集过程进行了规范化，最终极大地提升了企业整体运营工作效率。

（2）智能 IC 卡

智能 IC 卡被广泛应用于保密信息存储、ID 身份验证等诸多方面。以 IC 卡作为身份识别，将危废转移全过程的业务单据、责任人、参与单位等信息进行一一记录，如系统记录了单位名称、地址、法人代码、营业执照信息、管理责任人信息等。

（3）移动通信终端

移动终端不仅能满足日常生活中通话、拍照等应用，还可以实现包括定位、信息处理、指纹扫描、身份证扫描、条码扫描、RFID 扫描、IC 卡扫描等越来越多、越来越丰富的功能，智能移动终端逐渐成为移动执法、移动办公的重要工具。平台中的单价管理就应用了智能终端，通过 3G/4G 网络提交经授权的表单信息，并且随着 5G 新基建的发展，通信功能和效率会越来越好。

（4）电子联单管理系统

电子联单管理是指流通于运输单位、处置单位、环保部门的业务单据的统称。应用场景和流程可分为如下几个阶段。

先由运输单位的收运人员通过智能终端在现场输入危废信息并提交，经产废单位的短信或系统确认后，联网打印出固废转移电子联单并传送给产废单位。

启运转移，危废到达处置单检，处置单检接收到后，将危废实际信息录入系统。环保部门的工作人员能实时查询和追踪联单信息。

电子联单取代纸质联单，实现了无纸化办公。同时，系统还支持通过智能终端输入固废信息，转移全过程的信息在电脑或移动终端进行确认，大大提高了联单传递速度，并杜绝了假联单非法转移的违法行为，确保危险废物转移管理制度的高效落实。

(5) 危废刷卡转运系统

在危废运输、综合利用、处置管理等过程，系统通过给关联单位配备 IC 卡、IC 卡读卡器等设备，实现了危废产生信息、种类、重量、去向等信息在各单位的快速、准确流转。通过读卡器便可读取危废的产生单位、运输单位等信息，提升了危废转运过程的速度和效率，并明显降低了人力资本和设备资本投入的成本。

(6) GPS/GIS 技术

为能更好地规范和持续优化危废运输车辆的行驶线路，避免车辆违规偏离既定路线造成污染或其他危险事件，系统在危废运输车安装了 GPS 和视频监控设备，通过这些设备，系统可将这些 GPS 设备的定位、轨迹、视频数据接入后台监控管理，将危险废物运输过程中的实时情况进行可视化展示，实现对危险废物转移的全程监控。

(7) 视频监控技术

利用传感器、计算机网络、多媒体通信网络，系统对监控信号的采集、传输、处理也采用了视频监控。该技术被应用于危险废物出入库和转移车辆上，危险废物转移过程开始前，系统即开启视频监控，对危险废物的出库、运输、入库过程实时视频监控（图 7-29）。

图 7-29　危险废物智能监管平台技术优势

危险废物智能监管平台建设完成后，经过一段时间的应用，体现出良好的效果。其实施过程也合理地采取先局部试用、再全面推广的模式。

第一阶段，先选取具备平台建设条件的十几家产废、废处置类型单位进行试点应用。

第二阶段，在试点单位应用稳定、安全、有效后，在全国范围进行推广，推广范围包括产废单位、运输单位、处置单位等多种类型企业，平台助力这些企业实现全面监管，其中部分企业还实现了全方位视频监控。

危险废物智能监管平台的实施提升了整个危险废物治理细分领域的运营效果，平台在危险废物转移处理量大、监管动态实时、信息流转高效准确等方面表现出巨大优势。

第一，平台助力危险废物处理领域实现了更严格、更精细的监管体系，为环保部门真实、细致、及时、动态地掌握危险废物的产生、转移、处置情况，提供了智能化手段，为相关机构的负责人提供了客观、高效、精准的决策辅助支持，使危险废物管理产业效能上了一个新台阶。

第二，危险废物智能监管平台的研究和开发过程中，充分利用了人工智能及物联网技术，二者在智能感知和自组织网络方面具有显著优势。平台应用了物联网海量数据集成技术，细化了危险废物监控系统全方位架构，强化了数字危险废物管理，对危险废物业务的服务给出了强有力的支撑，为危险废物处理带来了管理模式转变。

第三，平台基于合理布设的物联网传感器建立的危险废物监控平台，实时收集大量准确数据，并进行定性、定量分析，为管理工作提供了及时、有效、科学的决策支持，实现了环保部门对危险废物从"摇篮"到"坟墓"的全程跟踪、操控、管理。

第四，规范了危险废物的业务流程，并强化了危险废物监管执法，实现了对危险废物产生、转移、处置、利用情况进行精细化管理，转变了传统的危险废物管理模式。

平台通过利用一系列人工智能相关新技术，解决了信息传递不及时、业务处理缓慢、纸质联单填写烦琐、传递环节繁多、转移环节监管不到位等问题，形成了一套规范、科学、全面、完善的危险废物管理机制；并以此为基础建立了一支业务处理迅速、信息统计分析及时、办事高效、危险废物监管全面的信息化管理队伍。

第五节　土壤治理

一、土壤治理的现状

我国经济快速发展之下城镇化进程也不断加速，这些进步无疑给我们带来了极大丰富的精神和物质食粮：在短短几十年间，我们的生活质量飞速提升，从食不果腹到温饱，再到小康，我们餐桌上的美食也越来越丰盛，但我们对脚下这片土地却并不友好：我们一边浪费这片土地赐予我们的粮食和矿产，一边将生活垃圾、工业垃圾毫无顾忌地泼洒在它身上，它现在已经遍体鳞伤。

土壤环境的破坏日益加剧，土壤污染状况也持续恶化。通过农作物中有毒物质的沉积，或地下水被污染的方式，土壤污染直接严重威胁着人类的健康，给人类带来了各种新类型致畸致死的严重疾病，更直接导致大自然中一大批珍稀物种消亡，人类的疾病和动植物物种的消亡，给生态链的正常进化也造成了消极影响。

我国土壤污染具有范围广的特点。从整体分布来看，南方地区的土壤污染程度普遍比北方地区严重，这种差异主要是因为南方较之于北方获得了更早的发展，且我国东南沿海聚集了大量的工业制造业企业。这些土壤污染较严重的地区主要集中在经济发展水平高、工业化较发达的工矿业周边、城市及城市近郊。

土壤污染的蔓延正直接触及我国生态保护红线和耕地保护红线，造成整个生态环境的质量下降。耕地土壤更是由于土壤环境污染，生产能力已严重退化，这一切，无疑直接制约着我国生态文明建设的步伐。同时，虽然我国土壤污染的相对严重，我国土壤治理却相对落后。土壤污染带给全世界的危害是巨大的，亟待提出新常态下我国治理土壤污染的有效对策。

目前，我国土壤治理中存在的问题主要在于污染治理法律制度缺失、污染修复手段单一且技术不成熟、土壤污染管理机制和防治体系及基础设施不健全、土壤污染治理周期长且资金需求大等 4 个方面（图 7-30）。

图 7-30　我国土壤治理中存在的主要问题

1. 土壤污染治理法律制度缺失

现阶段，我国还欠缺专门而有效的土壤污染治理相关政策或法规，面对目前土壤污染的严峻形势，制定土壤污染防治法及配套政策法规，已迫在眉睫。

2. 土壤污染修复手段单一且技术不成熟

过去总结的传统修复技术难以适应复杂多变的污染状况，现行的治理手段往往比较单一且效率低，缺乏技术创新，既耗时又耗力。智能土壤治理系统相关技术有待提升。目前，各智能化系统相关技术研发多来自高校、科研院所实验室，这些机构在研究能力方面无疑很先进，但其与农业实际应用的差距也是显而易见的。现阶段，许多技术还处于研究、测试阶段，一些技术细节亟待完善，系统中运用的软硬件设备有的成本较高，若没有合理的市场机制，尚不具备大规模投入使用的条件。

3. 土壤污染管理机制和防治体系及基础设施不健全

我国土壤污染治理具有涉及治理主体多、关系复杂等特点，以往土壤污染治理中屡次出现部门间推诿的情况，这是缺乏统一的管理机制导致的。我国土壤资源种类较多，制定的相对应土壤质量评价标准也多，这使得如何建立一套统一协调的标准体系成为今后提高土壤污染治理整体成效的关键。例如，智能防治体系的基础设施问题，在我国尤其是我国广大农村，主要表现为网络基础设施、信息化建设薄弱、互联网基础设施不完善，这一系列现状都导致基于网络技术的现代化监测和治理手段，难以在土壤治理的主战场、广大农村得以顺利开展。

4. 土壤污染治理周期长且资金需求大

由于土壤污染的滞后性、持久性等特点，导致土壤污染治理的周期较长；加之土壤污染问题外化具有隐蔽性，社会公众对土壤污染的重视程度不够，参与治理土壤污染的积极性不高，需要对其进行指引、教育，尤其农村小农经济管理模式尚无法承载高额的设备投入，只能由政府或企业来承担相应成本，而且农民普遍受教育程度较低，这些原因都大大增加了土壤污染的防治成本，阻碍了智能土壤治理的推广进程。

二、土壤治理对人工智能提出新要求

作为最大的发展中国家，我国幅员辽阔，总体资源丰富，但是在长期发展过程中，因为不合理的开发、利用也导致了一系列对耕地资源的浪费。深入贯彻落实党在环境治理方向的精神，就必须加快推进农业信息化，发展现代农业既是全面建成小康社会的需要，更是加快农业发展方式转变的关键所在，而土壤是农业发展的核心和根基。

土壤污染治理的成效关系到我国社会和经济的可持续发展，关系到人类的健康和生存环境的质量，同时也关系到我国的生态安全和生态文明建设的成败，是关乎国计民生的大事。

加强土壤污染治理、改善土壤环境质量成为我国新常态下全面建成小康社会的必然要求。必须结合我国实际情况，从社会发展的各个方面着手，重点发力，全面治理，为建设"美丽中国"打下稳固的基础。

当下国际经济形势复杂严峻，现代农业发展面临着资源、环境、市场等多重约束。大力发展农业信息化，推动信息技术与传统农业深度融合，不断提高农业生产经营的标准化、智能化、集约化、产业化和组织化水平，努力提升资源利用率、劳动生产率和经营管理效率，是我国农业突破约束、实现产业升级的根本出路。

土壤污染明显而深远的危害表现在多个方面。

土壤污染可通过大气循环、食物链富集作用、水环境污染等渠道，利用各种方式进入人类、动植物体内，严重影响人类和动植物的健康和生命安全；土壤污染影响农业生产的发展，它会造成农作物产量、质量双下降，这些被间接污染的送到我们餐桌上的农产品又直接影响食品安全；我国发生的多起集体中毒事件也表明土壤污染影响人类生存空间的环境质量；土壤污染威胁我国生态环境安全和社会经济可持续发展，山水林田湖是一个命运共同体，没有土壤环境的安全就不可能实现生态环境的安全，土壤污染严重阻碍我国现代化建设的进程。这一切因素综合作用，正引起普通民众对土壤污染的重视（图7-31）。

图7-31 土壤污染危害

面对如今越来越复杂的土壤污染问题，我们不得不重新考虑将监测控制、定位系统、地理信息系统、遥感技术、运行状态监测、电子技术、传感器、计量器、红外探测、机器人、实时管理、数据采集、数据传输等多领域知识和技术相结合，并逐步深入应用到土壤环境治理中。

土壤环境治理以研究和解决受污染的土壤及所引起的环境问题，实现人与自然和谐共处、可持续发展为目标，融合无机化学、有机化学、环境化学、微生物学、植物学、环境学、土壤学等多种交叉学科。将上述诸多领域知识相结合，有利于研究有害物质在土壤中的存在形式、扩散行为特性、效应，及对其进行有效控制的原理和方法。

土壤污染作为我国生态环境治理的短板之一，与其他短板相比有其自身的特性。土壤污染，主要是指进入土壤的污染物含量超过了土壤自身的净化能力，使土壤内部机制发生了质变。应对当下土壤环境污染中的复杂现状，就需要更先进的带有人工智能算法的传感设备对土壤污染的情况进行测量，以减少对人类的危害并提高效率。

土壤污染的污染物来源复杂多样，涉及大气、废水污水、化工用品、重金属、固体废弃物、农药化肥等多个方面。土壤污染是污染物在土壤中发生量变的过程，一般污染物进入土壤之后，流动性大大减小，因而不断沉积从量变引起土壤质变，如此复杂的成因造成土壤污染不容易被察觉，形成污染的周期长，滞后性比较突出。这需要先进的数据分析技术对搜集的数据进行智能分析，并对污染状况进行有迹可循的高效跟踪。

土壤污染治理难度高，这体现在各个方面，其最突出的包括技术难度高，治理周期较长，人力专业度要求高且人力成本昂贵等 4 个方面。想要长周期、大规模、高效率地实行土壤治理，只靠有限的人工显然已经不再现实，将土壤治理自动化、智能化成为必然（图 7-32）。

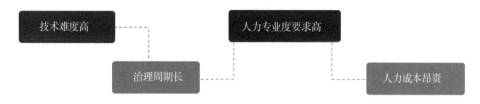

图 7-32　土壤污染的治理难度高

要弥补土壤治理中的诸多短板，就要采取体系化的土壤治理规划。

首先，要建立健全土壤污染综合治理法律体系。

针对当前我国土壤污染治理中遇到的和可预见的种种问题和弊端，必须尽快建立治理土壤污染的专门法规，健全配套政策和措施，以立法的方式大力推动土壤污染治理。立法要明确污染治理的主体及治理主体的职责权限，杜绝污染防治和处理应急事件时，屡次出现的相关部门互相推诿的情况。

在土壤污染治理中，强化政府的作用，由政府主导，加强监管、执法力度，逐步实行国际上采用的污染者付费等制度。要求企业严格遵照"三废"的要求处理生产过程中的排放物。在农业方面，加强农业生产中对化肥、农药等的使用和管理。在资本来源方面，鼓励私营组织、社会大众等社会资本积极参与治理土壤污染的各个环境，形成灵活高效的联防联治的多元化土壤治理格局。

其次，要推行精准监测机制，催紧土壤质量评价标准体系的完善和升级。

要实现全方位的土壤污染治理，一个重要前提就是全面精准的监测，通过人工智能、物联网先进技术，如利用 RFID 等技术采集数据，将海量数据存入数据库，建立土壤污染监测信息网络及数据平台，实现全覆盖的土壤质量检测。基于土壤污染监测长效机制，严格监督工矿业、农业，水环境、重金属行业等的污染，完善土壤治理标准体系。

最后，创新土壤污染治理技术和手段，降低土壤治理成本。

在治理土壤污染的过程中，我们要不断探索和创新土壤修复的新技术、新方式，加大土壤污染治理中科技的投入力度，改造升级土壤治理设施设备。借鉴国外的先进技术和模式，结合我国实际情况，建立多功能、专业的智能管控平台，优化治理模式，完善多元化投融资机制，降低成本。

新形势下，要利用人工智能新技术，加强土地资源的优化利用，保障各种资源的合理开发，站在可持续发展的角度，用现代化科技积极引导农业生产，在各个区域推广土壤治理相关智能化技术，实现我国经济社会及环境的协调发展。

人工智能技术的推广和宣传会涉及诸多的数据资料和信息，既要保障技术的落实、深入，又要注重各种信息数据资料的整理和收集，实现各种信息资源的科学合理利用，运用人工智能结合大数据技术，充分地发挥该技术的作用，更好地实现我国农业生产目标，实现国家经济的快速发展。

随着近几年我国科技水平的不断提升，人工智能新技术已在各领域取得了卓越的成就，各种大数据技术、物联网技术开始与农业生产相结合，土壤污染治理对策也需要与时俱进，结合人工智能新技术进行升级。

近年来得到突飞猛进发展的新技术，是当前新制度、新理念、新方案得以实施的新工具。严格落实"土十条"，推进土壤污染的现代化治理。新常态下，美丽中国建设和生态文明建设都对我国的生态环境安全提出更高的要求。国务院颁布的《土壤污染防治行动计划》，也已经为我国土壤污染治理的现代化、智能化指明了目标和方向。

我们要深入而广泛地应用人工智能先进技术，坚持创新、协调、绿色、开放、共享的发展理念，严格落实相关政策中各项任务目标，推进土壤污染治理，改善土壤环境，保障生态环境安全，促进社会和经济的可持续发展。

三、土壤修复工程的智能监管方案

正如我们在土壤治理的现状中描述的那样，矿产开采、污水灌溉及农药、化肥的过度使用，都会导致污染物在土壤中不断积聚，所造成的土壤污染已成为农业发展的主要制约因素，正严重威胁着人们的身体健康。

而我国土壤修复工程监管系统的建设目前尚处于初级阶段，各方面研究都相对较少。当前的工程监管系统没有将温度、土壤湿度、现场视频等感知数据，以及土壤采样数据与三维地形、遥感影像、土壤修复专题图等空间数据融合。传统的监管系统并不能表现感知数据的空间特征，数据及显示对修复区土壤的污染程度、修复现状等要素表达不直观。近年来，随着国家不断加大对土壤修复的政策支持和资金投入，关于土壤污染防治与修复的规划、法规相继出台，土壤修复示范工程的建设也已在部分重污染区逐步展开。

土壤修复工程具有修复区域广、难度大、周期长的特征，这些特征对研究土壤修复工程的智能化监管方法具有重要的应用价值和示范作用。国内外的先进研究，为此方案提供了很好的研究和实现基础，这些研究提前验证了类似方案的技术可行性和经济可行性。

本方案是土壤修复工程智能监控系统。系统应用了射频识别、视频监控等新技术，对污染土壤在运输至处理中心全过程中的土壤批次、运输车辆、运输视频等物流信息进行搜集、存储、远程访问及应用。系统包括基于三维 GIS 的路况监测系统，实现了污染土壤物流运输中的多种可视化表达，也实现了对土壤墒情的动态监测。

本方案针对性地解决了当前土壤污染修复工程在实施过程中存在的一系列问题，包括技术人员及管理人员需要现场指导和监督、实时在线监管功能缺乏、在线交互性差等。例如，系统支持网络三维地理场景构建、修复区环境智能化实时监测及预警、土壤采样数据与网络三维地理场景融合的土壤回复等方法。

本方案实现了基于三维网络地理信息系统（3D Web GIS）的土壤修复工程智能监管系统。系统将各类感知数据和三维地理场景相结合，实现了在网络三

维地理场景中土壤环境修复的在线感知、远程监控、土壤现状分析、健康风险
评估、修复效果可视化等综合而复杂的功能。

实践表明，此方法能有效实现在线监管工程的现场环境和修复现状，从而
有效提高土壤修复工程监管的信息化和智能化水平。实时在线的土壤修复工程
智能监管系统，可体现出温度、土壤湿度、现场视频等实时监测数据的空间特征，
将包含地形地貌、地物要素的综合数据在三维虚拟地理场景中表达，能刻画出
土壤污染的空间分布，实现对土壤修复工程的现场环境和修复现状的远程监管。

本系统分成网络三维地理场景构建、修复工程监管、修复现状与三维场景
融合等 3 个步骤（图 7–33）。

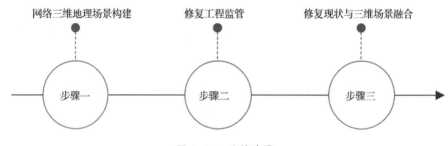

图 7–33　实施步骤

1. 网络三维地理场景构建

土壤修复工程中使用网络三维场景，具有地域范围广、地形精度高等诸多
优势。现实应用中，土壤修复功能的场景建设存在三维地形数据量大、地物模
型多、对三维数据网络传输的流畅性要求高等难点。

本系统选取的三维数据管理平台，采用了 B/S 架构创建土壤修复工程的网
络三维地理场景。系统支持海量三维空间数据的快速存储和快速访问，系统加
载地物模型时，可通过可视距离按需切换不同级别地物纹理，并支持三维数据
的网络发布。

首先，进行地形模型构建。先利用无人机航拍技术来获取土壤修复工程区
域内的高分辨率的数字高程模型和数字正射影像，再对数字高程模型和数字正
射影像进行投影变换、几何校正和裁切，对处理后的影像使用色彩增强、渲染

等技术改善视觉效果，最后在处理工具中以土壤修复区的数字高程模型为基础，叠加上数字正射影像作为纹理，就合成了关于土壤修复区的高精度、带有空间参考的三维地形模型。

其次，基于模型完成纹理制作。地物模型的房屋、桥梁等简略模型在Sketch Up 等工具中即可完成制作，而温度传感器、土壤湿度传感器、网络摄像机等精细化的模型，可以在 3D Max 等主流工具中制作。把建筑、监测设备的实景照片进行拼接，然后贴在三维模型上制作模型纹理，通过透明纹理映射技术对道路、水面等显示效果进行优化，这一系列操作减少了数据量，同时获得了较好的显示效果。在与三维地形组合之前，通过转换工具，可以将地物模型的文件格式转为 XPL 格式，XPL 格式是一种可进行层次细节分级显示的格式，并且该格式的模型可根据可视距离进行自动选择，选择各级纹理，这大大提高了模型在三维场景中的加载速度。

最后，实现模型发布。将创建好的三维模型在地形数据服务器上进行发布，发布后的模型还可通过网络地址加载到本地进行编辑。根据 GPS 采集的坐标数据，可以将建筑、传感器等地物模型集成到三维地形中的对应位置，构建完整的三维场景数据集。三维场景数据集在 IIS 服务器上发布后，再基于特点 API 和 Web GIS 等技术，构建土壤修复区的网络三维虚拟地理场景。通过在网络三维虚拟地理场景中集成实时环境监测预警、污染现状与修复成效监管等综合功能，使管理人员能随时掌握土壤修复区实时环境和修复效果（图 7-34）。

图 7-34　网络三维地理场景构建的内容和步骤

2. 修复工程监管

实时环境感知是实现土壤修复工程智能监管的重要基础，实时感知可为监管提供完整有效的数据。在土壤修复工程实施的过程中，需关注修复区的温度、土壤湿度等环境数据，还要关注不同地块的现场视频数据，对这些元素进行实时、连续的监测。实时环境感知，是使用物联网传感器技术实时采集土壤修复区温度、土壤湿度、现场视频等数据，同时完成数据的实时传输、存储、远程访问。结合土壤修复工程环境监测的实际需求，可将土壤修复工程的实时环境感知系统分为感知层、网络传输层和应用层。

感知层：感知层负责实时获取不同地块的温度、土壤湿度、现场视频等数据。监测设备包括感知器、GPRS 模块、电源和保护盒等，现场视频的监测设备包括网络摄像机、网络交换机和硬盘录像机等。

网络传输层：一方面负责将感知信息上传至应用层；另一方面负责将应用层控制传感器的相关命令下发到感知层。由于温度、土壤湿度传感器等采集的数据量较小，且农田地区网络基础设施相对薄弱，系统使用稳定、可靠的 GPRS 无线网络进行数据传输就成为现实要求。传感器的感知器与 GPRS 模块相连，再由 GPRS 基于 TCP/IP 协议将数据传输到应用层的数据库服务器中；而网络摄像机由于其采集频率高，因此数据量大，则多采用有线传输的方式传输。网络摄像机连接到网络交换机后再通过双绞线与存储视频数据的硬盘录像机相连。

应用层：应用层提供土壤修复工程环境监测的核心应用服务，应用层由数据库服务器、Web 服务器、浏览器 3 部分组成。数据库服务器程序接收和解析 GPRS 模块传输的监测数据，并将监测数据与传感器类型和编号、数据接收时间等信息存入数据库服务器；Web 服务器程序可以对网络摄像机的姿态进行调整，也可以进行参数设置；而浏览器是用来展示网络三维虚拟地理场景的客户端，通过浏览器，在三维地理场景中可对监测数据进行实时查看，并对监测设备进行远程操控（图 7-35）。

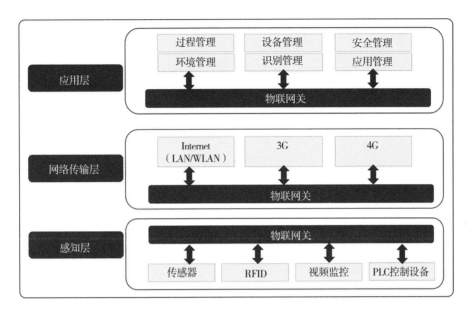

图 7-35　土壤修复工程智能监管系统架构

　　在我国，目前开展的土壤修复工程中，对土壤修复现状监测使用的主要方法包括：在土壤修复区布设适当密度的采样点，采集点的智能感知设备可定期采集土壤样品，对土壤采样点进行土壤污染现状分析和健康风险评估。土壤修复区的土地利用类型多样，不同地块的土壤污染程度有显著差异，但由于采样成本和土壤样品检测费等因素的限制，土壤采样点的布设不能过密，而过于稀疏的采集点会降低监测准确度。

　　为解决这一问题，能整体客观地对土壤修复现状进行监测，本系统在对土壤修复现状的跟踪评价中，引入 GIS 空间分析和专题制图的方法，这个综合解决办法克服了这一困难。这个新方法将采样分析获取的污染元素含量数据和 GPS 获取的采样点坐标数据相关联，生成带有空间参考信息的采样点矢量数据。以空间数据库管理引擎与对象关系数据库相结合的方式，管理土壤采样数据和修复现状专题数据，将具有空间分布特征的土壤采样数据和土壤修复专题数据在三维地理场景中进行可视化表达，并支持查询分析。这种方式能突出土壤污染元素在三维空间中的分布特征及分布的变化趋势。系统借助 Web GIS 技术对土壤修复现状进行了有效的监测，提高了监测的信息化水平，可为土壤修复工作的开展提供数据支持，为土壤环境治理提供决策依据。

一直以来，因为工程环境监测与预警环境感知数据具有随时间动态变化、空间分布不均等特征，而导致所获取的数据无法在三维空间有效地展示和表达。本系统针对如何将不同地理位置的多源实时感知数据以更加直观的形式呈现，提出了实时感知数据在网络三维场景中的监测和预警方案。

修复区内放置适当密度的智能感知设备，这些设备获取传感器采集的不同地块的温度和土壤湿度实时数据，并通过 GPRS 网络传输到服务器，服务器端通过 Web 服务程序接收这些感知数据，服务器还会对数据进行解析，并存储到服务器的数据库；浏览器客户端使用异步调用技术发布 Web 服务，将读取的数据库中更新的感知数据返回到客户端，客户端接收到返回的数据后，采用成熟控件实现感知数据在三维地理场景中对信息进行直观的可视化表达。

将设置在三维地理场景中的传感器数据，与数据库中该传感器的最新监测值进行关联，当某一传感器的监测数据偏离警戒值一定范围时，传感器模型的位置就会用定位符号标注显示，同时系统会发出警报，以便管理人员根据预警采取相应措施。

网络摄像机采集的视频数据是通过有线网络传输到硬盘录像机的，再由硬盘录像机处理和存储。三维地理场景中能查看不同位置的网络摄像机拍摄的视频信息，实现对工程现场的实时监控。在土壤修复工程的网络三维虚拟地理场景中，点击温度和土壤湿度传感器等智能感知设备，可查看当前地块的实时感知数据，并能调取其历史数据，基于一定的算法对数据变化情况进行分析。点击摄像机还可同步查看实时视频，通过云平台控制工具回放视频等方式，可由中控系统发出指令，对摄像机等智能感知设备的拍摄角度、光圈和焦距进行调整，这一技术辅助相关部门实现对土壤修复工程全方位监控和多分辨率的实时感知。

3.修复现状信息与三维场景融合

为解决在 3D Web GIS 中对所涉区域内信息的利用问题，本方案采取了一系列措施。实现了包括土壤采样信息、土壤修复现状等信息的查询和分析；系统在实现对空间数据网络访问、互操作功能的基础上，将网络环境下土壤修复矢量数据和三维空间数据进行了集成，集成的数据涵盖了土壤采样数据、专题数据等，通过服务器等网络要素，发布符合开放地理信息联盟规范的服务；通过 WFS 提供空间数据请求服务，把土壤采样点图层、土壤修复现状专题图层叠加到网络三维场景，实现对三维场景中所涉区域土壤采样点的污染现状分析，完成健康风险评估，同时实现了土壤修复现状等地理要素的空间及属性查询等功能。

目前，三维网络 GIS 和传感器技术在土壤修复监管领域的应用尚少，现有的传统方案不便高效、直观地对指定区域实时进行环境或污染土壤的空间分布和修复现状的监测。相比之下，本方案将 GIS 技术、传感器技术、网络通信技术和三维虚拟现实等相关技术有效地进行了集成。这个基于 3D Web GIS 的土壤修复工程智能监管系统，将多传感器的感知数据、土壤采样数据、修复专题数据等综合数据融合到三维场景，使监管方式由二维空间升级到三维空间，利用在线感知数据和采样分析数据，实现了在土壤修复环境中实时监测、预警，实现了对污染现状和修复成效的分析与评价等功能，有效提高了土壤环境治理中土壤修复工程监管的信息化和智能化水平。

四、智能物联土壤改良方案

物联网和其他新一代土壤治理技术的应用和推广，为土壤治理中的土壤改良提供了新角度、新视野，极大地提高了农作物产出率；对农作物的需求因素加以充分完善和利用，为建立资源节约、环境友好的土壤改良应用树立了典范。

智能物联土壤改良方案是人工智能助力土壤治理的新尝试。方案通过部署专业的智能传感器，得以随时随地对土壤及农作物生长的实际情况进行监测，并用数据收集设施及无线网络系统把有用数据输送到信息调控总部，总部基于实时和完整的信息，对农业种植环境相关因素展开调整。

方案运用人工智能技术来掌控农作物正常生长所需的土壤等环境，同时全面完成农业种植生态信息的自动化监测，这对环境实行自动化掌控、智能管控是有效的，方案助力相关部门达到了土壤改良的目的，优化了土壤环境治理。

伴随物联网在全球范围的快速发展，我国也已开始对智能物联进行研究。

2009 年提出"感知中国"概念，提出要在全国范围内推动发展物联网技术。2001 年，工业和信息化部发布《物联网"十二五"发展规划》，认可了物联网的发展对我国经济的长足发展和社会快速进步的促进作用。如今，大数据、云计算、云储存技术逐步成熟，新技术的发展成为产业互联、产业升级的突破口。

环保行业的智能物联尤其重要，其不但是物联网系统的主要构成成分，还是未来产业的标志。环保部门在环保监测、管控、服务、决策流程，都力求最大限度地与智能化科技手段紧密结合。有强大的人工智能与物联网管理技术为基础，传统环境治理，尤其是较落后的土壤治理必将依靠新兴技术走向现代土壤治理的新阶段。

智能物联土壤改良方案大体可分成 3 层：物联感知层、网络传输层、应用服务层。根据各层特点及对应负责的相应功能，3 层结构分别在体系结构中发挥作用，既有独立性又有联系性（图 7-36）。

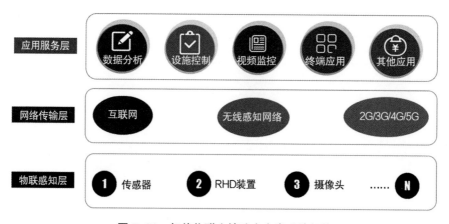

图 7-36　智能物联土壤改良方案系统架构

物联感知层处在体系架构的底层，是物联网的基础，也是最关键的部分。这一层用各类智能传感器对外部客观物体的物理信息予以感知，并将采集的物理信息处理成电信号，信号通过网络传输层传输到应用服务层，再通过应用服务层完成用户所需应用。

网络传输层用来传输电磁信号，外部网络由无线和有线设备组成局域网、Internet 及移动网，网络传输层通常选择 Internet 及无线通信网等。网络传输层根据相应的传输协议、串口的程序设计，负责数据的安全传输。

应用服务层根据用户意愿实现相应功能，这些功能具有个性化特征，接受不同的定制化需求。应用服务层是用户能直接使用和接触的一层，通过物联感知层所采集的外部信息，来实现用户定制的功能。

其中，物联感知层需组建传感器网络，组建网络采用包括智能传感器技术及组网技术等相关技术，再通过有线及无线组成一个传感网络，无线传感网的常用技术包括但不限于蓝牙技术、Wi-Fi 技术、Zig Bee 技术等。Zig Bee 技术因其较好的稳定性、实用性、价格低廉等优势而被广泛采用。本方案涉及多种感知设备，这些智能感知设备应用于土壤污染物、养分等数据的采集，包含污染物物理和化学成分、温湿度、光敏、氧气浓度、土壤密度等。

智能农业物联网体系核心技术路线包括如下几类（图 7-37）。

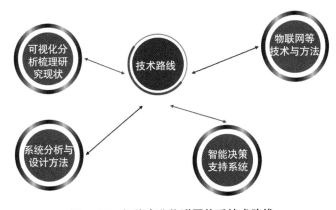

图 7-37　智能农业物联网体系技术路线

1. 可视化分析梳理研究现状

科学知识图谱近年来备受推崇，所谓知识图谱，是可视化的表达知识、资源及知识、资源间关联度的一种图形，利用知识图谱可绘制、挖掘、分析、显示知识间的关联关系，利用知识图谱还有助于了解并预测科学前沿及动态，甚至挖掘和开辟未知新领域。

2. 系统分析与设计方法

为发挥系统功能，实现系统目标，需要运用科学方法加以细致的考察、分析、比较、试验。基于此，拟定一套有效的处理步骤和程序，对原来系统提出优化、改进方案的过程，叫作系统分析。系统分析的出发点是利用系统思维促进系统整体功能和效益的发挥，系统分析的目的是探求问题的最佳解决决策方案。系统分析一般分为明确问题、设立目标、收集资料、设计方案、检验核实、做出决策、分析计算、评价比较等步骤。

3. 智能决策支持系统

智能决策支持系统又叫专家系统，是利用人工智能及专家系统相关技术，解决复杂决策问题的综合系统。利用专家系统可以更充分和综合地使用人类所积累的知识，这些知识既包括决策问题的描述性知识，又包括决策过程的过程性知识，还涵盖了求解问题的推理性知识。

4. 物联网等技术与方法

Web GIS 技术。Web GIS 技术是一个对各种分布数据进行处理的综合系统。可为客户端使用和运作提供基本的操作界面，同时可按网络通信协议中的要求向用户提供浏览器，客户端保障用户通过浏览器便能进行多种信息资料的浏览、存储、下载；而服务器是系统中心，其负责与 GIS 进行信息上交换和共享，服务器包括空间数据库服务器、GIS 应用服务器、网络服务器几类（图 7-38）。

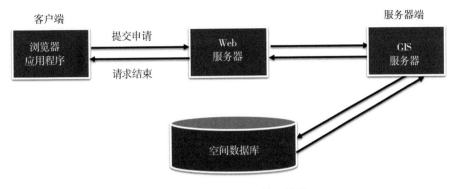

图 7-38　Web GIS 体系结构

物联网技术。物联网是非常复杂的系统，其涉及诸多物品信息，通过信息传感技术可实现对物品的远程、实时操控和监管，物联网技术越来越广泛地应用于工业、农业、环保领域等垂直领域。

云计算。云计算是指根据大数据的收集实现各计算机间的高效结合，并为应用系统提供各类支持，保障系统能为软件提供各种服务。云计算与土壤治理结合，能解决信息资料的收集、存储、计算等问题，实现分布式信息共享。

智能控制技术。智能控制技术（ICT）突破了传统信息技术中的不足，在复杂信息系统中仍能保障信息处理高效率及科学性，通过信息处理，实现对海量信息的收集、存储、应用，从目前来看，综合智能控制、神经网络控制、模糊控制等技术方面已取得了实质性进展。

传统的土壤改良手段必然会被智能方案取而代之，这既是我国国情之下的最佳选择，也是环保发展的趋势。智能土壤治理对环保发展形式的改变拥有强有力的推动作用，这在一定程度上大大提升了环境治理的效率，促进了高质量、低损耗、可持续的环境治理产业的发展。同时，这种智能物联技术，也正越来越广泛和深入地应用到农业、工业制造业等方方面面，其实本案例虽然是对土壤改良的贡献，但是它为农作物的生产同样起到了推动作用，促进了农业的信息化、数字化、智能化（图 7-39）。

图7-39 智能物联在农业等领域的应用示例

本案例将土壤专家、农业专家、环保专家的经验和领域知识经验固化到计算机系统，并通过人工智能、大数据、物联网，全面实现土壤治理的数字化、自动化、智能化，是一个完整的解决方案。方案集当代环保、农业、工程等多学科于一身，拥有高水平科技价值、经济价值、社会价值，是我们国家土壤治理的里程碑示范。方案对影响土壤质量的数据进行收集，并将专家经验及领域知识用人工智能技术进行机制推导、剖析、固化和复用。

本方案利用先进的工业化生产技术，并结合人工智能及物联网技术，进一步实现了集约、高效、可持续发展的现代超前农业生产方式，其将成为引领现代农业高级发展模式的主导力量。方案运用与人工智能相结合的先进设施，并与土地及作物相配套，通过智能的方式感应作物生长的环境，对环境进行合理调控，最终实现了规模化的经营生产。我国对土壤智能化的研究由来已久，明确了智能模型在土壤治理中的运用。物联网技术可以运用到土壤治理领域的各个方面。

本方案具备诸多优势。

低成本。土壤治理需要针对多类对象，部署多种传感与控制节点，加之我国土地面积广这一特点，需构建超大规模的网络，这种超级网络无疑是对地方政府或企业的巨大挑战，而本方案采用的节点组网技术却大大降低了土壤治理中的软、硬件成本。

标准化。方案实现了统一协议、接口定义，使各网络节点间得以无障碍信息交流。

跨平台。方案的外化形式是一个土壤改良决策系统，系统支持跨平台的部署、实施、扩展。

自组织。考虑到系统使用对象各类人群的特殊性，方案进行了设计和技术升级，这种升级极大地降低了用户的专业配置及管理能力，系统实现了窗口化、模块化的功能操作，大大降低了操作难度提高了系统的自组织性。

易扩展。系统满足在对原体系无须做出巨大改动的前提下，即可自动实现功能扩展及软件升级，以满足不同土壤改良体系的要求。

嵌入式应用。方案中，部分子系统的设备通过嵌入式而非计算机系统就能直接接入移动网络，实现远程交互，避免了系统对计算机系统的强依赖问题，提高了方案的灵活性、普适性。

随着技术的发展，人工智能领域的其他新技术也正应用到土壤治理领域，如云计算等。

加入云计算的智能物联网平台，包括感知控制层、传输层、云服务层和用户接入层等4层架构。基本上是在类似于本方案的智能物联土壤改进方案的基础上加入了云计算，云服务层可为平台提供成熟的云基础设施服务，如物联网、信息传输校验、通信消息等基础业务的中间服务，针对不同用户提供定制化、个性化的云数据资源和云应用服务；同时，为方便不同用户通过门户访问丰富的云服务，在用户接入层也汇聚了云资源，为不同用户提供不同终端访问的适配界面。

第四篇

环保智能化，绿色新时代

在上述的各章节中，我们通过理论描述和真实案例的实践探索，已经对人工智能技术在环保应用中现存和潜在的问题展开了探究，寻求了解决思路，并已得到些许启示。

我们将人工智能应用于环保各领域，如环境监测、信息共享，但其使用广度、深度都尚不足以满足环境保护的所有需要。例如，我们将环保物联网应用在环境监测及企业污染防治、总量减排等场景，以履行环保职责，但这些系统目前尚未充分发挥作用，导致环境保护的效果不尽人意，与此同时，经济成本和时间成本巨大，这就给方案的推广和深化造成了极大的阻碍。

我国科技创新和技术应用的意识、思路还有待进一步开拓。环境治理是一个综合而系统的概念，如果环境管理理念、方法、体制、机制不匹配，缺乏统筹规划与组织，将给环保行业的发展设置巨大障碍。我国的环境保护发展时日不长，环保管理的模式以污染控制为目标，在未来，这种模式将向以环境质量改善为目标转变，在这种新的形势下，现有的环境监控模式和其所需能力的差距明显。

智能环保相关产业的发展明显滞后于应用需求是另一个不容小觑的现存问题。公共服务能力、公众参与水平尚不能满足民众日益增长的对智能环保的需求。

第八章 ●····

智能环保现存问题及发展建议

如上种种，都是我们发展智能环保时遇到的现实问题，针对这些问题，我们做了如下几点思考。

首先，进行智能环保顶层设计时要明确建设理念。今后相当一段时间内，智能环保的建设和应用都将继续以服务的理念为出发点和落脚点。智能环保的服务对象既包括政府的环境管理、监测相关部门，也包括方案部门、污染排放企业、污染治理企业、其他社会团体和机构，以及社会公众。我国智能环保的建设理念必将是为人民服务，资源取之于民，收效用之于民。

其次，智能环保建设和应用要强调系统性和配套设计。前几年，在我国环保部门中已经初步实现了很多相对简单的系统，因此在接下来的智能环保建设中，剩下的全是"硬骨头"。智能环保的建设与方方面面都有密切的联系，智能环保涉及组织和制度建设、体制创新、流程再造等诸多方面，在这种现状下，就需要顶层设计部门对涉及的建设、应用和运维等方方面面进行系统配套设计，以前瞻性的规划来避免后续实施中的"短视"和资源浪费。

再次，智能环保建设要明确应用范围，通盘考虑体系建设。体系建设包括软硬件基础设施、服务体系、应用体系、信息资源体系、管理体系等。相关部门要统筹各部分间的依赖关系，使整个体系能有效支撑，协同作用；同时，智能环保建设要把握重点、合理规划建设策略及实施路径，以确保建设效果和应用效果。这无疑对政府环保相关部门提出了更高的要求。

最后，要把握好中央与地方的关系。在智能环保整体规划过程中，要统筹考虑中央和地方的制度体系，进行管理优化时要做好智能环保建设、应用，对财政、行政等体制、机制统筹规划，把顶层设计上升到决策高度，同时要拟定配套的管理办法和实施计划，以保证顶层设计的落实（图8-1）。

智能环保顶层设计
要明确建设理念

智能环保建设和应用必
须强调系统性和配套设计

明确智能环保应用
的范围并统筹协同

中央结合地方做好决策支
撑，保证顶层设计落实

图 8-1　AI+ 环保现存问题的解决方案探索

智能环保的建设和应用关系到我国经济的绿色可持续发展，关系到亿万民生。我们需要锐意进取、周密设计，践行面向现代化、面向民生需要、面向未来的"历史担当"。相信在各方力量的协同努力下，环保部门和从业者，以及全体民众共同努力，必将构建出远大而宏伟、利国利民的综合智能环保体系。

尽管人工智能在环境治理中的应用存在着诸多风险，但人工智能技术必将全面应用于经济社会各个领域和全过程，这已经成为难以逆转的潮流和趋势。在推进环境治理变革的过程中，人工智能自身特色，以及其与其他领域结合时创造的新难题，使我们不得不认真思考，对其在理论攻关、法制法规、标准认证、监管体系、全球治理等各个方向做出新的尝试（图8-2）。

图 8-2 人工智能应用中各类问题的解决思路

　　我们要积极引导、利用人工智能优势，利用人工智能技术提升环境治理综合能力的同时，也要警惕人工智能的消极影响。综合优化人工智能在环境治理中的应用策略，积极应对和预防人工智能的潜在风险，成为不可忽略的重要课题。

　　针对我国智能环保现状，对于人工智能在环保领域的应用，我们提出了如下几点思考。

1. 迎接变革，加深融合

　　在接下来的数年，我国的智能环保将从跟随者变身引领者，变革和升级逐渐走向深水区。人工智能与环境治理的深度融合，将持续带来环境治理的智能化变革，对此，我们要主动迎接变化、面对挑战。

　　在目前的环境治理体系下，人工智能技术还仅局限于环境治理手段的改进领域，人工智能对环境治理能力的提升已初步显现，但加速倍增的质变尚未开始，人工智能与环保的深层次融合、系统化集成应用还尚未全部开展。随着近年来民众对环境质量要求的不断提高，全社会信息化、智能化水平也在不断提高，环境治理智能化改革已摆在全球各个地区、各个行业的面前，本质变革迫在眉睫。

我们可以从如下几个方面出发，激发人工智能在环境治理中应用的潜能，主动引导、推动环境治理的智能化变革。

首先，加快推进对现有环境治理体系的智能化改造。从现有的体系进行升级改造，有低成本、低风险、高效率的优势，现阶段推动环境治理体系和机制的智能化改革手段，就是在现有治理体系的电子政务、信息和数据处理、动态监测等基础上引入人工智能，将人工智能新技术用于优化环境监测、评估和反馈等多个治理环节。例如，我们可以在环境监测设备中加装传感设备，加快人工智能技术推广落地，提升环境监测的自主化、自动化、智能化水平。借助原有体系，引入人工智能新技术，将现有环境信息平台、环境监测体系进行互联、互通、融合，这一举措能推动环境监测数据与国土、税务等关联部门的互通、共享，现有基础设施能为人工智能提供数据支撑、信息网络等资源，人工智能为现有基础提质、赋能。

其次，积极探索基于人工智能的环境治理新模式。我们将卫星影像、污染监测数据、大气水文信息、传感监测数据等融合起来，针对土壤、水域、固废等领域的污染问题，多方合作，共同探索出跨区域、全流域的环境监测预警系统的道路，建立试点，在试点中将人工智能技术与生态补偿、排污权交易等融合。此外，还要继续强化开发对环境信息的挖掘、舆情监测、环境风险预警等方面的人工智能辅助决策系统，探索应用人工智能进行环境治理全流程的辅助决策方案。

最后，建立健全环境治理与人工智能协同创新体系。在未来的发展中，我们要不遗余力地推动环境治理领域人工智能的开发，并积极研发针对特殊应用场景的人工智能算法，通过对典型应用模型的建设和调优，进行协同创新。依托国家环境保护政策，推动环境治理领域人工智能技术创新，产学研用相结合，共同为加快人工智能技术的应用、转化进程做出努力。通过搭建环境治理人工智能协同创新平台，将环境主管部门和科研院所的智力资源进行整合，并配套培育环境治理和人工智能领域的复合型、实用型人才，培育环境治理专业领域的人工智能研发团队及企业。

2. 预防风险，应对挑战

在积极应对和预防人工智能潜在风险，引导、推动人工智能与环境治理深度融合的同时，应意识到人工智能的隐患依旧存在，且其潜在危害会被进一步放大。因此，我们应当从以下几个方面考虑，应对、预防人工智能在环境治理中的风险和挑战。

第一，加快完善人工智能开发和应用的监管制度。

人工智能具有固有技术缺陷，同时也有应用场景的限制。这就需要对人工智能的开发环境进行跟踪和监督，同时要在应用环节进行规范。

对此，我们应通过制定人工智能技术的备案规程和测试规范，来规范开发者行为；要求开发者做好算法缺陷警示及记录，以便于后续的责任追溯、错误排查；应当梳理在环境治理领域中应用人工智能的场景、条件和约束机制，防止滥用、误用的风险；应当建立安全审查制度，该制度用于从算法、数据、应用等各个层面联合评判技术的安全程度；应当完善校验、试用和备份机制，降低人工智能在应用中的风险；在特殊或重要的场景应保留人工干预接口，以防紧急状况下的不测，便于人类接管和纠正人工智能技术的错误，减少偶发性事件产生的损失。

第二，建立健全环境数据的核准和反馈机制。

数据是人工智能的根基，环境数据的质量直接决定了人工智能的精确性、有效性。我们应当把环境数据的安全，上升到国家安全的高度，建立严格的数据采集标准、存储标准、传输标准、处理规范，确保环境数据精准、客观。依据审慎、透明的原则，制定环境数据的统一分类、共享规则，确保各类环境数据能在不同系统、平台之间互联、互通、共享。

另外，还要建立环境数据的审核规范、反馈机制和校验机制，将人工抽检校验与冗余自检结合，监测人工智能的学习过程，同时监测数据样本，及时反馈和纠正人工智能学习中的数据偏误。

第三，增强环境信息平台的互通性和交互能力。

人工智能无疑将会给环境信息传播带来风险，且这种风险难以预计。政府应考虑通过拓展、完善现有环境相关信息平台的功能，激活和放大人工智能的积极作用，同时规避和防范潜在风险。

要建立透明、及时的信息发布、信息共享平台，避免虚假信息滋生和蔓延；要增强环境信息平台的互联、互通、交互能力，使不同源头和领域的环境数据和信息能相互校验，增强环境信息的综合性、准确性；交互能力使各主体能更便捷地获取环境信息，参与环境信息的收集、校验和反馈，对基于人工智能的环境信息系统形成有益的补充。

第四，进一步明确人工智能应用中的责任划分。

人工智能较之于传统自动化技术，最大的区别是前者具有更强的自主性，人工智能技术能根据应用场景做出反应，进行自助学习并做出最终决策。但目前，我国对人工智能的自主反应、自主决策所造成的事故和其他后果的认定、责任划分都不明确，这导致环境治理中一直存在的责任推卸和转嫁的风险急剧提高。

我们应加快建设人工智能设计、制造、应用中的归责制度和标准，既要追究缺陷造成的责任和损失，又要明确规定应用者的权利和义务。将来，必须通过完善的人工智能应用规范和标准，确立人工智能应用中涉及的责任主体，并建立健全追责机制，防止环境治理中责任推诿、技术依赖等各种常见和潜在的风险。

第五，拓展多主体参与环境治理的渠道。

人工智能的各种优势能力为多主体参与环境治理创造了积极条件。要想智能环保稳健、可持续地发展，多主体参与到环境治理的决策、执行和监督中成为必然。

多主体参与能提升政府决策的客观性、公正性，并增进各方互信；多方参与具有卓越的资源优势，资源整合给智能环保带来的动力不可估量；多主体海量的意见信息，能给政府环境治理决策提供数据样本，经分析后的数据输出结果可为相关部门提供决策依据；多方联合搭建的环境治理决策综合平台，得以让不同层次的诉求得到表达，群策群力发挥各自的特长（图 8-3）。

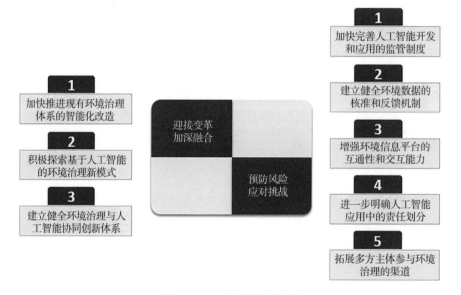

图 8-3　AI+ 环保发展规划

参考文献

[1] 左玉辉．环境学 [M]．北京：高等教育出版社，2010：26-28.

[2] 李荣刚，夏源陵，吴安之，等．江苏太湖地区水污染物及其向水体的排放量 [J]．湖泊科学，2000（2）：147-153.

[3] 孟伟，王海燕，王业耀．流域水质目标管理技术研究（Ⅳ）控制单元的水污染物排放限值与削减技术评估 [J]．环境科学研究，2008（2）：1-9.

[4] 吴悦颖，李云生，刘伟江．基于公平性的水污染物总量分配评估方法研究 [J]．环境科学研究，2006（2）：66-70.

[5] 李如忠，钱家忠，汪家权．水污染物允许排放总量分配方法研究 [J]．水利学报，2003（5）：112-115，121.

[6] 孟伟，张远，郑丙辉．水环境质量基准、标准与流域水污染物总量控制策略 [J]．环境科学研究，2006，19（3）：1-6.

[7] 李承泉，肖婷．氨法脱硫烟气治理技术 [J]．煤炭加工与综合利用，2017（2）：59-61.

[8] 梁建华，罗明聪．氧化镁法与石灰石：石膏法脱硫技术方案比较 [J]．科技创新与应用，2014（23）：89-90.

[9] 王小明．干法及半干法脱硫技术 [J]．电力科技与环保，2018，34（1）：45-48.

[10] 陈冬林，吴康，曾稀．燃煤锅炉烟气除尘技术的现状及进展 [J]．环境工程，2014，32（9）：70-73.

[11] 邵华，张俊平. 中国 VOCs 治理现状综述 [J]. 中国氯碱，2018（11）：29-32.

[12] 王瑛. 挥发性有机物 VOCs 处理技术的研究进展 [J]. 能源环境保护，2018，32（6）：7-11.

[13] 管锡珺，仇模凯，夏丽佳，等. 汽车尾气污染的生成机理以及治理措施研究进展 [J]. 唐山学院学报，2018，31（3）：46-49.

[14] 邵文峰. 工业废水处理技术的应用与发展研究 [J]. 节能与环保，2019（7）：107-108.

[15] 王新华. 浅析工业废水处理技术的应用发展 [J]. 山东工业技术，2019（10）：26.

[16] 唐艳. 污染河流治理技术综述 [J]. 河南科技，2014（2）：179.

[17] 董晓丹，周琦，周晓东. 我国河流湖泊污染的防治技术及发展趋势 [J]. 地质与热源，2004（1）：26-29.

[18] 孔逊. 小流域水污染治理方法研究 [J]. 污染防治技术，2009（5）：97-99.

[19] 环境保护部. 2013 年中国环境状况公报 [J]. 中国环境科学，2014（6）：1379.

[20] 中国选矿技术网. 放射性污染的危害 [EB/OL].（2019-05-13）[2012-12-13]. http://wenku.baidu.com/view/044406ea60b765ce0508763231126edb6f1a76b9.html.

[21] 李小芹. 水污染对人体健康的影响与危害研究 [J]. 科学技术，2013（35）：143.

[22] HCR 慧辰资讯. 6 个用好大数据的秘诀 [EB/OL].（2016-02-01）[2019-11-03]. http：//www.cbdio.com/BigData/2016-02/01/content_4576388.htm.

[23] 大数据时代，我们还有隐私吗？[EB/OL].（2013-05-15）[2019-11-03]. https：//www.sohu.com/a/51471108_11540.

[24] 曹木. 大数据仍然离不开人的赋予 [EB/OL].（2015-12-30）[2019-11-08]. https：//www.sohu.com/a/51471108_115640.

[25] 张安法. 大数据时代要有大数据思维 [EB/OL].（2015-06-25）[2019-11-08]. http：//www.cbdio.com/BigData/2015-06/25/content_3340827.htm.

[26] 许小可，刘肖凡. 网络科学的发展新动力：大数据与众包 [J]. 电子科技大学学报，2013（6）：2-6.

[27] 中国大数据产业观察. 大数据落地不可孤军作战 [EB/OL].（2015-12-28）[2019-11-18].

http：//www.cbdio.com/BigData/2015-12/28/content_4398498.htm.

[28] Sam Siewert. 云中的大数据：数据速度、数据量、种类、真实性 [EB/OL]. (2013-09-13) [2019-11-24].https：//www.ibm.com/developerworks/cn/data/library/bd-bigdatacloud/index.html.

[29] 一篇对大数据深度思考的文章，让你认识并读懂大数据 [EB/OL]. (2019-05-22) [2019-11-28].https：//blog.csdn.net/weixin_33994429/article/details/93035983.

[30] 木马童年 .CIO 必须知道的十个大数据案例 [EB/OL]. (2018-08-05) [2019-11-28]. http：//www.duozhishidai.com/article-4238-1.html.

[31] 大数据医疗的五大方向、15 项应用详解 [EB/OL]. (2018-08-05) [2019-11-28]. https：//blog.csdn.net/weixin_34161083/article/details/90424076.

[32] 商业智能行业资讯 .大数据有什么重要的作用 [EB/OL]. (2015-10-29) [2019-11-28]. http：//www.cbdio.com/BigData/2015-10/29/content_4054504.htm.

[33] 郑悦 .大数据商业应用的未来 [J].IT 经理世界 ,2013 (22)：98-100.

[34] 中琛魔方 .大数据对企业重要性 [EB/OL]. (2019-10-23) [2019-12-02]. http：//www.qianjia.com/zhike/html/2019-10/23_14219.html.

[35] 张茜，贺建鹏 .人工智能的发展及趋势 [EB/OL]. (2020-01-25) [2020-01-28].http：//wenku.baidu.com/view/3bf74fbdf68a6529647d27284b73f242336c3/39.html.

[36] 郭赟婧 .浅谈超级计算机 [J].东方青年·教师，2013 (23)：61.

[37] 易壮 .从数据库视角解读大数据的研究进展与趋势 [J].电子技术与软件工程，2014 (17)：206.

[38] 翁富 .机构操纵盘口交易痕迹分析 [J].股市动态分析，2015 (2)：22-25.

[39] 张丹 .大数据时代高职语文教学探究 [J].现代语文：中旬 .教学方案，2015 (9)：21-22.

[40] 刘源 .企业和政府关于数据集的比较 [J].知识经济，2015.

[41] 祝家钰，肖丹 .云计算架构下的动态副本管理策略[J].计算机工程与设计，2012, 33 (9)：3362-3366.

[42] 云计算的概念和内涵 [EB/OL]. (2014-02-26) [2020-01-28]. https://blog.scdn.
net/wei xin 34343000/article/deatils/90465418.

[43] 程珊珊."智能环保"中感知系统的总体设计构建[EB/OL]. (2019-10-23)[2020-02-02].
https：//xueshu.baidu.com/usercenter/paper/show?paperid=9d6fe3729304f5cefe8
5a40aed0e8516&site=xueshu_se.

[44] 证券研究报告.上市公司深度：智慧环保抢占先机，环保大平台起飞在即 [R/OL].
(2016-06-24) [2020-02-06]. https：//www.docin.com/p-1654458292.html.

[45] 证券研究报告.智慧城市系列报告之智慧环保篇：监测先行，打造全方位生态智慧环境网
络 [R/OL]. (2016-08-29) [2020-02-06]. https://doc88.com/p-3943569239113.html.

[46] 李昌浩.环保行业研究报告：从宏观面、政策面、产业面纵览环保各细分行业 [R/OL].
(2016-06-24) [2020-02-06]. https://www.doc88/p-786378901025.html.

[47] 金杰.基于物联网的环保智能终端数据采集系统研究 [EB/OL]. (2017-12-14) [2020-
02-06].https：//xueshu.baidu.com/usercenter/paper/show?paperid=5c836afa905b
cbe7ac576d5e7aca12a0&site=xueshu_se&hitarticle=1.

[48] 韩阳.视频监控与智能分析在环保系统中的应用 [EB/OL]. (2019-10-23) [2020-02-
02].https：//xueshu.baidu.com/usercenter/paper/show?paperid=fdec14645232374
9fbf1fd8033bbb5a0&site=xueshu_se&hitarticle=1.

[49] 闫婧姣.探讨环境监测中物联网技术的应用 [EB/OL]. (2018-02-01) [2020-02-09].
https：//xueshu.baidu.com/usercenter/paper/show?paperid=7a855b1d1d152cb8b7
e44e1684759d15&site=xueshu_se&hitarticle=1.

[50] 廖天星，张广昕.污染源智能环保监控系统方案 [J]. 广东化工，2018（11）：159-160.

[51] 杨爱民，李海波，吕玉新.智能环保助推环境更加美好 [EB/OL]. (2013-03-01)
[2020-02-22].https：//xueshu.baidu.com/usercenter/paper/show?paperid=9d6fe3
729304f5cefe85a40aed0e8516&site=xueshu_se.

[52] 胡君城.智能视频监控技术在环保监控中的应用[EB/OL].(2015-08-02)[2020-02-22].

https：//xueshu.baidu.com/usercenter/paper/show?paperid=ac471e77d3ba44bbce c6a9acd265ea0e&site=xueshu_se&hitarticle=1.

[53] shengshijieshao.卷积神经网络发展历史及各种卷积神经网络模型简介 [EB/OL]. （2019-06-17） [2020-02-25].https：//blog.csdn.net/sun_shine56/article/ details/91969649.

[54] 邹旭，唐杰.一文带你了解卷积神经网络 CNN 的发展史 [EB/OL]. （2019-05-27） [2020-02-25].https：//www.jiqizhixin.com/articles/2019-05-27-4.

[55] 财经新鲜事官方账号.中国成制造业第一大国，多种工业产品产量居世界第一 [EB/ OL]. （2019-09-21） [2020-02-27].https：//baijiahao.baidu.com/s?id=1645249636 883256082&wfr=spider&for=pc.

[56] FORTIN F, RAINVILLE F D, GARDNER M, et al.DEAP： Evolutionary algorithms made easy[J].Journal of machine learning research,2012,13：2171-2175.

[57] MARLER R T, ARORA J S. Survey of multi-objective optimization methods for engineering[J].Structural and multidisciplinary optimization，2004,26（6）： 369-395.